Der epidemiologische Theil

des Berichtes

über

die Thätigkeit der zur Erforschung der Cholera im Jahre 1883 nach Aegypten und Indien entsandten deutschen Commission

besprochen

von

Max von Pettenkofer.

München und Leipzig 1888.
Druck und Verlag von R. Oldenbourg.

Vorwort.

Der dritte Band »Arbeiten aus dem kaiserlichen Gesundheitsamte« hat jüngst den »Bericht über die Thätigkeit der zur Erforschung der Cholera im Jahre 1883 nach Aegypten und Indien entsandten Commission, unter Mitwirkung von Dr. Robert Koch, Geheimer Medicinalrath, Mitglied des kaiserlichen Gesundheitsamtes und o. ö. Professor an der Universität Berlin, bearbeitet von Dr. Georg Gaffky, kaiserlicher Regierungsrath, Mitglied des kaiserlichen Gesundheitsamtes gebracht.

In dieser Form hat das inhaltreiche Werk wenn auch keinen officiellen, so doch einen officiösen Charakter, ähnlich den Berichten der früheren Choleracommission für das deutsche Reich, welche auch vom Reichsamt des Innern im Jahre 1873 berufen worden war, und deren Berichte gleichfalls unter kaiserlichem Schutz und Schirm erschienen sind.

Die Tendenz beider Commissionen, der älteren und der jüngeren, war und ist, auf Grund sorgfältiger Beobachtungen zu Schlüssen und Vorschlägen für praktisch durchführbare, wirksame prophylaktische Maassregeln zu gelangen und gereicht dieses Streben ebenso unserer Reichsregierung als auch den beiden Commissionen zur Ehre.

Nun stehen sich aber die den praktischen Maassregeln zu Grunde zu legenden Anschauungen der beiden Commissionen in gar vielen Punkten sehr feindlich gegenüber, und muss es den Behörden, welche die praktischen Maassregeln anzuordnen haben, überlassen werden, welcher Ansicht sie sich anschliessen wollen.

Als Vorsitzender der älteren Choleracommission fühle ich mich daher verpflichtet, deren Standpunkt, soweit ich ihn thatsächlich für begründet erachte, aufrecht zu erhalten zu suchen, und den epidemiologischen Standpunkt der jüngeren Commission, soweit mir dieser unrichtig erscheint, zu bekämpfen.

Die Cholerafrage ist seit einem halben Jahrhunderte wissenschaftlich immer noch eine streitige, aber gesundheitswirthschaftlich und volkswirthschaftlich eine so schwer wiegende Frage, dass man die Mühe nicht scheuen darf, sie ohne Rücksicht auf Personen und auf liebgewonnene Theorien auf Grund der epidemiologischen Thatsachen ernstlich zu erörtern, um endlich einmal eine sichere, allgemeine Grundlage für die prophylaktische Praxis zu gewinnen.

Möge meine Kritik des Berichtes der jüngeren Choleracommission dazu beitragen.

Inhaltsanzeige.

Einleitung.

Die vom kaiserlichen Reichsamt des Innern im Jahre 1883 unter Führung des berühmten Bacteriologen Robert Koch nach Aegypten, und danach auch nach Indien entsandte Choleracommission hat nun im dritten Bande der Arbeiten aus dem kaiserlichen Gesundheitsamte 1887 eingehenden Bericht erstattet.

Der Inhalt des von Gaffky sehr klar abgefassten und auch reich ausgestatteten Berichtes ist nach zwei Richtungen hin höchst beachtenswerth und wichtig, einmal in bacteriologischer, dann in epidemiologischer Hinsicht. Die Errungenschaften in ersterer Richtung sind so gross und erscheinen so sicher, dass sie nach meinem Dafürhalten jeder Anerkennung und Belohnung werth sind.

Dieses stolze Bewusstsein vermag ich aber nicht auf den epidemiologischen Theil des Reiseberichtes zu übertragen. Die Commission hätte sich besser auf das von ihr so meisterhaft beherrschte Gebiet beschränkt. In epidemiologischer Beziehung huldigt die Commission noch allzusehr der alten Anschauung, dass der durch den menschlichen Verkehr verbreitbare, specifische Cholerainfectionsstoff, zu dessen Entstehung in Niederbengalen allerdings Boden und Klima einmal nothwendig gewesen wären und auch zur Zeit noch nothwendig sind, um die Cholera dort endemisch fortdauern zu lassen, dass — sage ich — ausserhalb Niederbengalens dieser Infectionsstoff fertig, auch ohne wesentliche Mithilfe von Boden und Klima aber einfach von Kranken auf Gesunde sich fortzupflanzen und auch dadurch Epidemien zu erzeugen vermöge, mit anderen Worten: dass, wie man früher gesagt hat, das Choleramiasma Indiens bei uns sich zum Choleracontagium steigere

Die Commission gebraucht für diese alte Vorstellung anstatt der Worte Miasma und Contagium jetzt nur den Ausdruck Komma- oder Cholerabacillus, dem wohl ein bestimmter bacteriologischer

Begriff zu Grunde liegt, der aber das epidemische Erscheinen
und Verschwinden der Krankheit an so verschiedenen Orten und
zu so verschiedenen Zeiten ohne Zuhilfenahme von Boden und
Klima nicht im geringsten zu erklären vermag. Die Commission
erblickt die Choleragefahr nur im Cholerakranken, hauptsächlich
in seinen Darmentleerungen, und namentlich wenn diese ins Trinkwasser eines Ortes gelangen. Die ganze Commission ist
ausgesprochener Contagionist und Trinkwassertheoretiker[1]).

Diese Ansichten sind wesentlich die nämlichen, welche schon
vor mehr als 50 Jahren beim ersten Erscheinen der Cholera in
Europa geherrscht und zur Ergreifung von Maassregeln geführt
haben, mit welchen thatsächlich nicht nur nichts genützt, sondern
sogar viel Unheil angerichtet wurde, insoferne dadurch die Blicke
der Aerzte, der Laien und der Behörden von anderen, thatsächlich
wirksamen Maassregeln abgelenkt, und auf solche hingelenkt
wurden, welche wohl dieser Theorie entsprechen, aber praktisch
unwirksam sind, wie die bisherige Geschichte der Cholera in
Europa zur Genüge zeigt.

Ich kann daher in epidemiologischer Beziehung in dem
Berichte der Commission im Vergleiche mit den Berichten der
früheren Choleracommission für das deutsche Reich[2]), welche
die Contagiosität der Cholera und deren Mittheilung durch Trinkwasser auf Grund zahlreicher epidemiologischer Thatsachen bestritt,
nur einen bedauerlichen Rückschritt erblicken.

Warum ich, obschon auch ich die Verbreitung eines specifischen Cholerakeimes durch den menschlichen Verkehr von jeher
angenommen habe, nicht Contagionist und Trinkwassertheoretiker
sein kann, und warum ich bei der Cholera ebenso wie beim
Gelbfieber und bei der Malaria die Mitwirkung von Boden- und
klimatischen Verhältnissen auch ausserhalb ihrer endemischen
Gebiete für unerlässlich halte, habe ich schon oft dargelegt,
und erst jüngst wieder sehr eingehend in einer Reihe von

---

1) Zum gegenwärtigen Stand der Cholerafrage S. 19.
2) Berichte der Choleracommission für das deutsche Reich. 6 Hefte.
Berlin. Karl Heymann's Verlag. 1873—1879.

Artikeln im Archiv für Hygiene, welche nun auch gesammelt in Buchform [1]) erschienen sind. Schon damals waren mir die wesentlichsten Thatsachen bekannt, welche der Bericht der Commission jetzt aus Aegypten und Indien bringt, theils aus früheren Veröffentlichungen des Führers der Commission, theils aus den Verhandlungen der zweiten Choleraconferenz, welche anfangs Mai 1885 zu Berlin stattfand und zu welcher auch ich ganz unvermuthet und unvorbereitet beigezogen wurde.

Ich habe die wichtigsten dieser Thatsachen auch in meinem Buche bereits besprochen. Da nun aber trotzdem die Commission in ihrem Reiseberichte alle die alten, von mir bekämpften epidemiologischen Anschauungen unverändert wiederbringt, ohne auf meine dagegen sprechenden Nachweisungen auch nur im geringsten einzugehen, so sehe ich mich genöthigt, neuerdings das Wort zu ergreifen. So friedliebend ich bin, so fühle ich mich durch die gebotene Liebe zum Rechte doch auch zum Kampf fürs Recht verpflichtet, und darf diesen jetzt weder scheuen noch versäumen, da es sich um eine volkswirthschaftlich so wichtige Frage handelt, wie die Cholerafrage thatsächlich ist.

Ich hoffe das Wesentlichste in möglichster Kürze in wenig Abschnitten bringen zu können: 1. Thatsächliche Verbreitung der Choleraepidemien im Vergleiche zum Land- und Seeverkehr, 2. Infection durch Trinkwasser (Trinkwassertheorie), 3. Einfluss der individuellen Disposition und Durchseuchung, 4. Prophylaktische Maassregeln, woran sich 5. ein kurzer Schluss reihen wird.

1. Verbreitung der Choleraepidemien im Land- und Seeverkehr.

Betrachten wir zuerst in grösseren Zügen die Verbreitung der Epidemien von Indien aus ins rothe Meer, nach Aegypten, ins Mittelmeer und in das Innere von Europa und wählen wir für ein Bild davon das zeitweise Auftreten der Cholera in epidemischer Form in Mekka gelegentlich des jährlichen Kurban-Beiramfestes, dann das Auftreten in Aegypten, auf Malta und in Berlin. In Tabelle I sind die epidemischen Ausbrüche nach Jahren zu-

---

1) Zum gegenwärtigen Stand der Cholerafrage. München und Leipzig 1887. Verlag von R. Oldenbourg.

sammengestellt, in Tabelle II folgen die Jahre, in welchen in diesen Orten wohl auch Fälle von asiatischer Cholera, aber in verhältnismässig geringer Zahl beobachtet wurden.

Die Angaben für Mekka und Aegypten habe ich theils dem Reiseberichte der Commission, theils den Mittheilungen von Sté- koulis[1]) und Mahé[2]) entnommen.

Was Malta betrifft, fand ich das Nöthige bis 1868 in meiner früheren Arbeit »Die Choleraepidemien auf Malta und Gozo«[3]) und verdanke ich spätere Vorkommnisse brieflichen Mittheilungen meines Freundes Dr. S. L. Pisani, zur Zeit Chief Government Medical Officer in Valletta.

Die Angaben über Berlin habe ich theils den statistischen Tafeln von H. Brauser[4]), theils dem Choleraberichte von A. Hirsch[5]) entnommen, theils einer brieflichen Mittheilung von Pistor. Es ist möglich, dass in Berlin auch noch in anderen Jahren einzelne Fälle von asiatischer Cholera vorgekommen, aber unter dem Namen Brechdurchfall, Cholera nostras registrirt sind.

Tabelle I.

Grössere epidemische Choleraausbrüche in

Mekka	Aegypten	Malta	Berlin
im Jahre 1831	1831	1837	1831
1846	1848	1850	1837
1865	1850	1865	1848
1877	1855	1887	1849
1881	1865		1855
	1883		1866
			1873

1) Le Pélerinage de la Mecque et le Choléra au Hedjaz. (Extrait de la Gazette Médicale d'Orient.) Par le Dr. C. Stékoulis. Constantinople 1883.

2) Mémoire sur la marche et l'extension du Choléra asiatique des Indien-orientale vers l'occident depuis les dix dernières années (1875—1884) et sur quelques conséquences, qui en résultent. Gazette médicale d'Orient 1884 p. 121—179.

3) Zeitschrift f. Biologie Bd. 6 S 143.

4) Statistische Mittheilungen über den Verlauf der Choleraepidemien in Preussen. Berlin 1862 bei Hirschwald.

5) Berichte der Choleracommission für das deutsche Reich Heft 6 S. 78.

Tabelle II.
Kleinere sporadische Choleraausbrüche in

Mekka	Aegypten	Malta	Berlin
im Jahre 1838	1837	1848	1832
1839		1849	1833
1840		1854	1850
1848		1855	1852
1850		1867	1853
1852			1854
1856			1857
1858			1859
1862			1865
1871			1871
1872			
1882			
1883			
1884			

Betrachtet man Tabelle I, so muss man staunen, dass in dem von Indien so weit entfernten Berlin seit 1831 schon mehr Epidemien geherrscht haben, als in dem dem endemischen Choleragebiete so nahe gelegenen Mekka und Aegypten und auch als auf der Insel Malta, welche mit Aegypten und Indien in einem ununterbrochenen direkten Verkehr steht.

Auch die zeitliche Coincidenz entspricht nicht im geringsten den Verkehrsverhältnissen. Nur im Jahre 1831 tritt die Cholera epidemisch gleichzeitig in Mekka und Aegypten, aber auch in Berlin auf und überspringt Malta, wo sie erst im Jahre 1837 das erste Mal auftritt, in welchem Jahre sie auch wieder in Berlin sehr heftig wird, während sie Mekka und Aegypten ebenso auffallend verschont.

Die Coincidenz zwischen Mekka und Aegypten, die sich doch so nahe liegen, ist eine ganz auffallend seltene; nur im Jahre 1831 und 1865 zeigt sich eine. Wenn man annimmt, dass die Epidemien von Mekka nach Aegypten getragen werden, so scheinen sie in der Regel lange zu brauchen, bis sie dahin gelangen. Der Epidemie von 1846 in Mekka folgt die nächste in Aegypten 1848, und der von 1881 in Mekka die in Aegypten

1883, und in den Jahren 1850 und 1855 hat Aegypten Epidemien, während Mekka von 1846 bis 1865 davon frei geblieben
ist.   Die Commission und Stékoulis nehmen für Mekka seit
1831 gar nur vier epidemische Ausbrüche an, aber aus den Mittheilungen von Mahé geht hervor, dass auch das Jahr 1877 zu
den epidemischen gerechnet werden muss.

Ebenso mangelhaft ist die zeitliche Coincidenz zwischen
Aegypten und Malta.

Die geringe zeitliche Disposition von Mekka für Choleraepidemien ist eine höchst auffallende Thatsache, da bei den
Kurban-Beiramfesten jedes Jahr der Cholerakeim aus dem nahen
Hindostan doch sicher stets eingeschleppt wird, was sich auch
in der Tabelle II durch die zahlreicheren kleineren Ausbrüche
deutlich ausspricht.

Wenn man nun gar die fünf epidemischen Jahre von Mekka
in Tabelle I weiter prüft, so findet man eine höchst überraschende
Thatsache, eine ganz unerwartete Abhängigkeit von der Jahreszeit.   Das Kurban-Beiramfest in Mekka mit seinen zahlreichen,
aus der ganzen muhamedanischen Welt zuströmenden Pilgern
ist wie ein Experiment zur Untersuchung der zeitlichen Disposition gelagert.   Das muhamedanische Jahr ist bekanntlich
11 Tage kürzer als unseres nach dem Gregorianischen Kalender,
welcher genau mit der Jahreszeit geht.   Das Fest wird aber stets
am gleichen Tage des muhamedanischen Kalenders (am 10. Dsúl-
hedsche) gefeiert, verschiebt sich daher allmählich über alle Jahreszeiten, fällt einmal in den Frühling, dann in den Sommer, Herbst
und Winter, um binnen 33 Jahren wieder in den Frühling zu fallen.

Ich habe mich an meinen sehr verehrten Kollegen, Professor
Dr. Seeliger, Director der Münchener Sternwarte, gewandt und
ihn gebeten, mir zu sagen, an welchen Tagen unseres Kalenders,
der den Jahreszeiten entspricht, das kleine oder Kurban-Beiramfest, das nur in Mekka gefeiert werden kann (das grosse Beiram-
fest, das überall gefeiert wird, fällt bekanntlich 70 Tage früher)
seit 1831 in Mekka stattfand.   Im Jahre 1831 brach ja die
Cholera das erste Mal unter den Pilgern aus.   Seeliger war
so freundlich, mir folgende Tabelle zu geben:

Tabelle III.

Kurban Beiram - Fest[1]) (Osterfest).

Gregorian. Jahr		Muham. Jahr	Gregor. Jahr		Muham. Jahr	Gregor. Jahr		Muham. Jahr
1831	Mai 21.	1246	1851	Oct. 6.	1267	1871	März 3.	1287
1832	Mai 10.	1247	1852	Sept. 25.	1268	1872	Febr. 20.	1288
1833	April 29.	1248	1853	Sept. 14.	1269	1873	Febr. 8.	1289
1834	April 19.	1249	1854	Sept. 3.	1270	1874	Jan. 29.	1290
1835	April 8.	1250	1855	Aug. 24.	1271	1875	Jan. 18.	1291
1836	März 27.	1251	1856	Aug. 12.	1272	1876	{ Jan. 7.	1292
1837	März 17.	1252	1857	Aug. 1.	1273		{ Dec. 27.	1293
1838	März 7.	1253	1858	Juli 22.	1274	1877	Dec. 16.	1294
1839	Febr. 24.	1254	1859	Juli 11.	1275	1878	Dec. 5.	1295
1840	Febr. 14.	1255	1860	Juni 29.	1276	1879	Nov. 25.	1296
1841	Febr. 2.	1256	1861	Juni 19.	1277	1880	Nov. 13.	1297
1842	Jan. 23.	1257	1862	Juni 8.	1278	1881	Nov. 3.	1298
1843	Jan. 12.	1258	1863	Mai 29.	1279	1882	Oct. 23.	1299
1844	{ Januar 1.	1259	1864	Mai 17.	1280	1883	Oct. 12.	1300
	{ Decbr. 21.	1260	1865	Mai 6.	1281	1884	Oct. 1.	1301
1845	Decbr. 10.	1261	1866	April 26.	1282	1885	Sept. 20.	1302
1846	Nov. 29.	1262	1867	April 15.	1283	1886	Sept. 9.	1303
1847	Nov. 19.	1263	1868	April 3.	1284	1887	Aug. 30.	1304
1848	Nov. 7.	1264	1869	März 24.	1285	1888	Aug. 18.	1305
1849	Oct. 27.	1265	1870	März 13.	1286	1889	Aug. 8.	1306
1850	Oct. 17.	1266						

Man kann nun die 4 grossen Epidemien, welche nach den Angaben der Commission und Stékoulis Mekka hatte, mit der Jahreszeit vergleichen.

Die erste 1831 fiel in den Mai,
„ zweite 1846 „ „ „ November,
„ dritte 1865 „ „ „ Mai,
„ vierte 1881 „ „ „ November.

---

1) Manchem Leser fällt vielleicht auf, dass im Jahre 1844 und im Jahre 1876 je zwei Beiramfeste verzeichnet sind und vermag sich das nicht sofort ohne weiteres Nachdenken zu erklären. Es kommt das davon her, dass das muhamedanische Jahr um 11 Tage kürzer als unser Jahr ist. Wenn also 1844 Kurban Beiram auf den 1. Januar fiel, so musste das nächste Fest auf den 1. Januar 1845 weniger 11 Tage, also auf den 21. December 1844 fallen. Das muss etwa alle 30 Jahre zutreffen. Die muhamedanischen Jahre sind daher in der vorstehenden Tabelle regelmässig fortlaufend, und fiel das Fest vom 1. Januar 1844 in das Jahr 1259 und das vom 21. December in das Jahr 1260.

Auch der fünfte epidemische Ausbruch 1877, von welchem Dr. Mahé spricht, fällt Mitte December, also nicht weit vom November.

Es ist schwer, hierin einen blossen Zufall zu erblicken. Die Contagionisten können höchstens fragen: warum denn nicht jedesmal, wenn das Kurban-Beiramfest in den Mai oder November fiel, ein epidemischer Ausbruch erfolgte? Mit dieser Frage würden sie aber nur ihre Unkenntnis der epidemischen Bewegung der Cholera in ihrer Heimath, in Indien verrathen, wo z. B. für Lahore[1]) auch das Maximum durchschnittlich auf den August trifft, wo aber binnen 12 Jahren sich doch nur 4 mal Epidemien zeigten, oder gar, wenn man andere Districte im Pendschab betrachtet, wo sich z. B. in Multan[2]) binnen 12 Jahren nicht die Spur einer Epidemie zeigte, obschon in 4 Jahren einzelne eingeschleppte Fälle beobachtet wurden.

Wenn man die kleineren Choleraausbrüche in den genannten Orten, welche in Tabelle II zusammengestellt sind, betrachtet, so muss man wieder staunen, dass solche in Berlin viel öfter als in Aegypten und Malta vorkamen.

Im Jahre 1837, wo auf Malta und in Berlin heftige Choleraepidemien herrschten, kamen in Aegypten nur einige sporadische Fälle vor, während in Mekka gar keine beobachtet wurden.

Dass in den Jahren 1848, 49, 54 und 55 sich die Cholera auf Malta so wenig ansteckend erwies, nachdem doch in diesen Jahren die Krankheit im übrigen Europa so verheerende Epidemien machte, ist gleichfalls eine contagionistisch unerklärliche Thatsache. Seit 1837, also seit 11 Jahren war die Insel bis 1848 von Cholera frei geblieben[3]) gewesen, als im Herbst 1848 wieder Fälle vorkamen, die sich wesentlich nur auf einen Theil der Garnison in Lower St. Elmo beschränkten und auf die Civilbevölkerung sich nur sehr sporadisch ausdehnten.

Höchst auffallend ist dann auch das Verhalten der Cholera auf Malta in den Jahren 1854 bis 1856, wo sie nicht nur in

---

1) Zum gegenwärtigen Stand der Cholerafrage S. 385.
2) Ebenda S. 397.
3) Zeitschrift für Biologie Bd. 6 S. 194.

Marseille und Gibraltar, und in Sizilien, in England und anderen Ländern, sondern auch während des Krimkrieges unter den dortigen Truppen herrschte und war damals Malta ein Knotenpunkt des Verkehrs der gegen Russland verbündeten Westmächte. Während der ganzen Zeit kamen nicht viel über 100 meist eingeschleppte Fälle auf den Inseln Malta und Gozo vor.

Wer sich die Verbreitung der Cholera durch den Seeverkehr contagionistisch vorstellt, der müsste auch erwarten, dass die Epidemien auf Malta und Gibraltar ziemlich gleichzeitig vorkämen. Gibraltar aber wurde fast immer zu ganz anderen Zeiten ergriffen. Gibraltar hatte Choleraepidemien in den Jahren 1834, 1854, 1860, 1865 und 1885, Malta 1837, 1850, 1865 und 1887.

Dass in Mekka gelegentlich des Kurban-Beiramfestes seit 1831 etwas öfter sporadisch oder klein gebliebene Ausbrüche als in Berlin vorgekommen sind, ist bei der grossen Nähe von Indien leicht erklärlich, wo die Cholera nie aufhört. Von dort muss wohl öfter auch so viel Infectionsstoff nach Mekka gebracht werden, dass da eine Anzahl Fälle vorkommen kann, ohne epidemisch zu werden, ähnlich wie 1854 in Stuttgart drei Personen von München aus, 9 in Hausen und 15 in Gräfendorf[1]) von einem einzigen Zugereisten inficirt und cholerakrank wurden. Die kleineren Choleraausbrüche unter den mehr als 100 000 Pilgern in Mekka unterscheiden sich sehr von den grösseren epidemischen Ausbrüchen. 1831, 1846 und 1865 schätzt Stékoulis die Zahl der Todten auf 15 000, und für 1881 gibt er 2584 an, während 1871 nur 130 und 1872 nur 318 gezählt sind. Wenn man, wie die Contagionisten glauben, mit einem einzigen Cholerakranken, oder selbst schon mit seinem Hemde ganze Länder anstecken kann, so hätten die 130 und 318 Todten doch auch genug sein müssen, um einen epidemischen Ausbruch unter den Pilgern in Mekka hervorzurufen.

Dass so vereinzelte Einschleppungen von Zufälligkeiten abhängen müssen, geht daraus hervor, dass sie nicht wie die grossen Epidemien vorwaltend auf gewisse Jahreszeiten oder Monate

---

1) Zum gegenwärtigen Stand der Cholerafrage S. 93, 445 und 446.

treffen. Die 14 kleineren Ausbrüche in Mekka während der Feste
seit 1831 erfolgten

> niemals im Januar
> 3 mal im Februar (1839, 1840 und 1872)
> 2 „ „ März (1838 und 1871)
> keinmal im April
> „ „ Mai
> 1 mal im Juni (1862)
> 1 „ „ Juli (1858)
> 1 „ „ August (1856)
> 1 „ „ September (1852)
> 4 „ „ October (1850, 1882, 1883 und 1884)
> 1 „ „ November (1848)
> keinmal im December.

Gerade die drei Monate, in welche die fünf grossen Epidemien
fielen, Mai, November und December, sind bei den kleinen Ausbrüchen am wenigsten vertreten.

In verschiedenen Gegenden Indiens, aus welchen die Cholera
direct in Mekka eingeschleppt werden kann, kommt die Cholera
zu sehr verschiedenen Zeiten vor. In Calcutta und Bombay
z. B. kommen die meisten Fälle im März, April und Mai vor,
in Lahore im August, in Madras im Januar und Februar und dann
wieder im Juli, August und September[1]). Aus Indien kann somit
zu jeder Jahreszeit Cholerakeim — man mág ihn als entogenen
oder ektogenen Infectionsstoff betráchten — ausgeschleppt werden.

Der Commission hätte füglich auffallen sollen, dass in den
Monaten Juni und Juli, welche für Aegypten die ausschliess-
lichen Zeiten des Ausbruches von Epidemien bisher gewesen
sind, in dem zwischen Indien und Aegypten gelegenen Mekka
Epidemien noch gar nie, und auch sporadische Fälle nur einmal
beobachtet worden sind, obschon 5 mal Kurban-Beiram-Feste in
diese Monate fielen.

Unter welchen Umständen in Mekka die Maimonate 1831
und 1865 und die Novembermonate 1846 und 1881 für Epidemien so disponirt waren, vermag ich nicht zu sagen, da ich

---

1) Zum gegenwärtigen Stand der Cholerafrage S. 393.

dazu nicht bloss die Bodenverhältnisse, sondern auch die Regenmengen und die Feuchtigkeit (Sättigungsdeficite) des Ortes fortlaufend kennen müsste, die mir aber ganz unbekannt sind. Die
Commission, Stékoulis und Mahé haben als strenge Contagionisten darüber natürlich gar keine Erhebungen gemacht.

Hervorgehoben muss auch noch werden, dass die örtliche
und zeitliche Coincidenz des Ausbruches von Choleraepidemien
am rothen Meere, in Aegypten und im mittelländischen Meere
den thatsächlich bestehenden Verkehrsverhältnissen durchaus nicht
entspricht. Der Verkehr mit Indien, wo die Cholera ja nie erlischt, geht ununterbrochen jedes Jahr gleichmässig fort, und
doch zeigen sich epidemische Choleraausbrüche im Hedschaz, in
Aegypten und im Mittelmeere verhältnismässig so selten und zu
so verschiedenen Zeiten! Seit 1831 haben sie in Aegypten noch
nie vor Juni oder Juli begonnen, sich auch nicht vorwaltend zuerst in Orten gezeigt, welche zunächst und zumeist mit Indien
verkehren. Im endemischen Cholerabezirke Indiens, in Calcutta,
kommen, wie schon erwähnt, die meisten Cholerafälle im März
und April vor, ebenso in der Präsidentschaft Bombay, in
Madras im Januar und Februar und dann wieder im August und
September. Wenn die Cholera auf Schiffen, wie die Contagionisten annehmen, selbst von China bis nach Frankreich, von
Tonking bis Toulon, verschleppt werden kann, so muss sie ja
noch viel leichter von Calcutta, Madras und Bombay nach
Aegypten getragen werden, und zu Zeiten, wo in diesen Orten
die meiste Cholera herrscht, sogar viel mehr und viel öfter, als
zu andern Zeiten; aber nichts trifft zu. Aegypten hat geradeso
seine bestimmte Cholerajahreszeit, wie Genua und andere Orte[1]).
München hatte z. B. seit dem Erscheinen der Cholera in Europa
drei, Genua neun und Berlin sieben epidemische Jahre. Die
epidemischen Jahre von München (1836, 1854 und 1873) coincidiren viel mehr mit den Epidemien in Genua als mit denen in
dem doch viel näher gelegenen Berlin, wie aus den oben mitgetheilten Zahlen ersichtlich ist. Auch die Schwere der Epidemien

---

1) Zum gegenwärtigen Stand der Cholerafrage S. 416.

von München coincidirt viel mehr mit Genua als mit Berlin. München hatte die meiste Cholera im Jahre 1854, ebenso Genua, während Berlin in diesem Jahre nur einige wesentlich aus München eingeschleppte Fälle hatte. Die schwersten Epidemien hatte Berlin in den Jahren 1837, 1849 und 1866, wo München mit Ausnahme der im Jahre 1837 noch an die Epidemie des Jahres 1836 sich anschliessenden Fälle von Cholera ganz frei blieb.

1837 und 1866 waren wohl auch für Genua Cholerajahre, hingegen war diese Hafenstadt von 1837 bis 1854 frei von Cholera, obschon inzwischen Epidemien in Aegypten (1848 und 1850) und auf Malta (1850) herrschten.

Diese örtlichen und zeitlichen Begrenzungen der Epidemien, welche aus den Verkehrsverhältnissen nicht erklärt werden können, für welche Unerklärlichkeit aber die Contagionisten weder Auge noch Ohr haben, zeigen sich in massenhaften epidemiologischen Thatsachen nicht nur längs der grossen Verkehrsstrassen, sondern auch innerhalb kleinerer Bezirke[1]). Man hat deshalb diese räthselhaften Sprünge der Krankheit geradezu Launen genannt. Im Jahre 1865 hatte die Cholera wie schon öfter die Laune, zuerst in Unterägypten, in Alexandria auszubrechen, um von da flussaufwärts zu gehen, ebenso wie im Jahre 1883, wo sie zuerst in Damiette, nahe der Mündung des Nilflusses, ausbrach. Die Commission sagt[2]): »Diese Thatsache erscheint auf den ersten Blick überraschend; sie erklärt sich aber bei näherer Betrachtung ohne Schwierigkeit. Das Beiramfest fiel im Jahre 1865 in die ersten Tage des Monat März ... Um nun den von den durchziehenden Pilgern dem Lande drohenden Gefahren möglichst vorzubeugen, beschloss der »Conseil Sanitaire Maritime et Quarantenaire« in seiner Sitzung vom 3. Mai 1865 die Pilger durch Expresszüge von Suez nach Alexandria befördern und hier sofort zum Weitertransport an Bord von Schiffen bringen zu lassen. (Wie solche Maassregeln in Aegypten ausgeführt zu werden pflegen, werden wir später bei Besprechung der Quarantänen noch deut-

---

1) Vgl. ›Zum gegenwärtigen Stand der Cholerafrage‹ S. 150—180 und S. 259—371.

2) a. a. O. S. 75.

lich sehen.) Dass Eisenbahnbeamte, Arbeiter und Gepäckträger
in Alexandrien auf diese Weise unzweifelhaft in Berührung mit
den heimkehrenden Pilgern kommen mussten, liegt auf der Hand.
Gerade unter jenen Angestellten etc. aber sind am 10. und
11. Juni die ersten Choleratodesfälle vorgekommen.«

Zunächst wünsche ich, dass die letztgenannten Thatsachen
richtiger angegeben sein möchten, als die Zeit des Beiramfestes
im Jahre 1865, welches nach meinem oben mitgetheilten Kalender
nicht anfangs März, sondern zwei volle Monate später, auf den
6. Mai fiel. Ich will annehmen, dass hier ein Schreib- oder Druck-
fehler vorliegt. — Aber Alles sonst als richtig angenommen, ist
der von der Commission gezogene Schluss doch falsch und die
gegebene Erklärung für den Ausbruch der Epidemie zuerst in
Alexandria bei näherer Betrachtung weniger leicht, als vielmehr
leicht fertiggemacht.

Damals war der Suezkanal noch nicht eröffnet, und mussten
daher die Mekkapilger, welche nicht den Landweg wählten, in
Suez aus den Schiffen, die von Dscheddah kamen, aussteigen, um
auf die Expresszüge nach Alexandria zu gelangen. Bei diesem
Umsteigen in Suez sind die Pilger und deren Gepäck mit dem
dortigen Eisenbahnpersonal sicher in ebenso vielfache, ja sogar
noch viel innigere Berührung gekommen, als beim Aussteigen
und Umsteigen in Alexandria.

In Suez kamen die Pilger direkt aus Mekka und auf Schiffen
an, und soll ja der Schiffsverkehr die Verbreitung des Cholera-
stoffes nach Ansicht der Contagionisten ganz besonders begün-
stigen, während die Krankheit auf der Eisenbahn nicht so gerne
und sicher reisen soll; — aber trotz Allem fängt die Cholera 1865
nicht in Suez, sondern lieber in Alexandria an, überspringt sogar Kairo, wo doch gewiss viele Pilger ausgestiegen sind, denn
die Pilger aus Kairo, aus Mittel- und Oberägypten werden schwerlich von Suez bis Alexandria hinab gefahren sein, um von da
dann erst wieder aufwärts zu gehen.

Thatsache ist nur, dass die Cholera 1865 zuerst in Alexandria
ausgebrochen ist, und dass alle Massregeln des »Conseil Sanitaire
Maritime et Quarantenaire« den Ausbruch der Krankheit in

Alexandria und in ganz Aegypten zu verhindern nutzlos waren; aber dass das übrige Aegypten von Alexandria aus und durch Alexandria angesteckt worden sei, ist bloss eine ganz ungerechtfertigte contagionistische Schlussfolgerung.

In jedem Lande wird immer ein Ort A der erste sein, in welchem eine Epidemie ausbricht, und in der Regel sind es grössere Orte, weil diese nicht bloss Verkehrsmittelpunkte, sondern auch Orte sind, in welchen die örtlichen und zeitlichen Bedingungen für Epidemien sich am häufigsten zusammenfinden, obschon es auch zahlreiche Ausnahmen von dieser Regel gibt.

Wenn ein zweiter und dritter Ort B und C später in diesem Lande auch ergriffen wird, dann wird ziemlich gedankenlos gewöhnlich angenommen, dass der persönliche Verkehr den Cholerakeim durch Kranke in der nämlichen Reihenfolge an die einzelnen Orte gebracht habe, in welchen sich zeitlich die Cholera in A, B und C zeigt, dass somit die Ansteckung des Landes von Kranken in A herkomme, und dass B und C nicht angesteckt worden wären, wenn man die Ansteckung von A verhindert hätte.

Dagegen spricht aber nun eine ganz gewaltige epidemiologische Thatsache[1]. Bei diesen Erstlingsepidemien in grösseren Orten in einem Lande findet man in der Regel keinen persönlichen Einschlepper des Cholerakeimes von aussen und unter den ersten 10—12 Cholerafällen nicht den geringsten persönlichen oder örtlichen Zusammenhang, wie ich und Andere es an einer Reihe von Städten gezeigt haben. Man weiss nicht, wie und durch wen die Cholera 1883 in Damiette oder in Boulacq oder Alexandria eingeschleppt wurde, gerade so wenig, als man weiss, wie sie 1836, 1854 und 1873 nach München, oder 1884 nach Toulon kam. Erst wenn man einmal in einem Lande einen epidemisch ergriffenen Ort A hat, welcher mit B und C in Verkehr steht, kommen Coincidenzen vor, welche man auch wieder contagionistisch deuten kann.

Im Jahre 1884 z. B. brach bekanntlich die Cholera in Frankreich zuerst in Toulon aus. Alle Mühen, herauszubringen, wer

---

1) Vgl. ›Zum gegenwärtigen Stand der Cholerafrage‹ S. 9, 459, 648.

sie dahin brachte, waren vergebens, aber als sich die Krankheit
einige Tage später auch in Marseille zeigte, nahm man an, dass
sie von Toulon aus eingeschleppt worden sei, weil sie in Toulon
einige Tage früher ausbrach und weil zwischen Toulon und Marseille ein reger täglicher persönlicher und sachlicher Verkehr besteht. Wenn die Cholera sich früher in Marseille und später erst
in Toulon gezeigt hätte, wäre ebenso leicht die gleiche Erklärung
umgekehrt zu geben gewesen.

Aber man braucht nicht anzunehmen, dass dieses post hoc
auch ein propter hoc sei, namentlich nicht, wenn man weiss, wie
lange oft der Cholerakeim in einem Orte kürzere, in einem
anderen längere Zeit schlummern kann, bis er epidemisch auftritt, oder, wie er in den immunen Orten, oder auch in nicht
immunen Orten zu gewissen Zeiten ohnmächtig abstirbt[1]).

Sehr lehrreiche Beispiele dieser Art liefert gerade die jüngste
Choleraheimsuchung Europa's von 1884 bis jetzt, von welcher
erst kürzlich Dr. Mahé[2]) in Constantinopel ein sehr übersicht-
liches Bild entworfen hat. Mahé weiss auch nicht zu sagen,
wie die Krankheit im Juni 1884 nach Toulon kam, er hält es
daher nur für wahrscheinlich, dass sie von Tonking und China
gebracht wurde, weil sie damals dort herrschte und weil Frankreich damals dort Krieg führte. Dass im Jahre zuvor die Cholera
in Aegypten herrschte, dass dort die Engländer Krieg führten,
dass Frankreich 1883 fortwährend mit Aegypten verkehrte, und
doch weder in England noch in Frankreich Epidemien ausbrachen,
obschon diesen Ländern Aegypten viel näher liegt, als Cochinchina Aegypten, fällt ihm gar nicht auf, und er vergisst auch,
dass gerade das Schiff (Sarthe), welches damals mit Truppen aus
Tonking kam, durch eine sehr eingehende Untersuchung der
Herren Proust, Rochard und Brouardel von jedem Ver-
dachte der Einschleppung freigesprochen werden musste[3]).

---

1) Vgl. ›Zum gegenwärtigen Stand der Cholerafrage‹ S. 498—539.

2) Le Choléra en Europe de 1884 a 1887. Revue Médico-Pharmaceutique
autorisée par irade imperiale 1888 p. 4.

3) Vgl. auch ›Zum gegenwärtigen Stand der Cholerafrage‹ S. 10, 168,
177, 617 und 621.

Aber nachdem die Cholera in Toulon einmal epidemisch ausgebrochen war, brach sie auch in anderen Orten von Südfrankreich, dann in Italien und Spanien aus, und kam 1886 sogar bis Oesterreich-Ungarn. Es fehlt jeder Nachweis, dass diese Ortsepidemien von Toulon ausgegangen seien, Thatsache ist nur, dass die Orte früher und später, nacheinander ergriffen wurden, aber nicht, dass in dieser Reihenfolge die Einschleppung des Keimes von einem Orte zum anderen stattgefunden habe.

Selbst M a h é fühlt sich gezwungen, ein zeitliches Schlummerstadium des eingeschleppten Cholerakeimes anzunehmen, welches in einzelnen Orten oft viele Monate dauert, weshalb er von einem zeitlichen und örtlichen Wiedererwachen (revivification und recrudescence) spricht. Wenn der Cholerakeim in Venedig und Catania ein halbes Jahr lang sein konnte, ehe er sich zu einer Epidemie entwickelte, so kann er auch von Aegypten im Jahre 1883 schon nach Toulon, Marseille, Neapel u. s. w. getragen worden sein, und sich an einem Orte früher, an einem später entwickelt haben. Ich erinnere an das, was ich in meinen Untersuchungen »Zum gegenwärtigen Stand der Cholerafrage« ausführlich hierüber mitgetheilt habe[1]).

In Aegypten zeigten sich 1883 nicht bloss in verschiedenen Orten, sondern auch in verschiedenen Theilen ein und desselben Ortes ebenso grosse Verschiedenheiten der Empfänglichkeit für die epidemische Entwickelung des eingeschleppten Cholerakeimes, wie bei uns in Europa, und bei den Indiern in Asien. Gleichwie München und Augsburg im Jahre 1854 beide Städte zusammen und gleichzeitig sehr heftig litten, und Augsburg im Jahre 1873 so auffallend verschont blieb, waren im Jahre 1865 Kairo und Alexandria gleich stark ergriffen, aber im Jahre 1883 nur Kairo, während Alexandria verhältnismässig nur leise berührt wurde.

Der nämliche Unterschied zeigt sich zwischen Damiette und Rosette. Damiette hatte 1865 2374, 1883 1956 Choleratodesfälle;

---

1) Oertlich-zeitliche Disposition S. 459.

Rosette hingegen 1865 2168, aber 1883 nur 230[1]). Aehnliches gewahrt man auch in dem Verhältnis zwischen Suez und Port Said.

Merkwürdig ist ferner, dass die zeitliche Disposition für Choleraepidemien in Aegypten trotz seines ununterbrochenen grossen Verkehrs mit Indien wesentlich nicht öfter vorkommt, als in Bayern. Zwischen 1854 und 1873 in Bayern liegen 19 Jahre, zwischen 1865 und 1883 in Aegypten 18 Jahre. Zwischen der ersten Epidemie in Aegypten (1831) und der zweiten (1848) liegen gleichfalls 17 Jahre, zwischen der ersten in Bayern (1836) und der zweiten (1854) 18 Jahre.

Auch in Aegypten gibt es Orte, welche neben sehr disponirten nahezu immune Theile einschliessen, geradeso wie in München, Dresden und vielen anderen Orten bei uns. So hat z. B. Kairo[2]) Stadttheile, wo im Jahre 1883 55 (Bulacq) und 48 (Alt-Kairo) pro mille an Cholera starben, und solche, wo nur 2 (Khalifa) und 3 (Gamalieh und Darb el Ahmar) pro mille starben, ohne dass die Commission dafür contagionistische oder Trinkwasser-Gründe anzugeben vermag.

Ebenso leichten Schrittes geht die Commission über die von ihr bestätigte Thatsache hinweg, dass die Choleraausbrüche in Aegypten stets auf eine bestimmte Jahreszeit beschränkt bleiben[3]). „Auffallender Weise ist also der Ausbruch der Krankheit stets im Juni oder Juli erfolgt, und der Zeitraum, welcher zwischen der am frühesten und der am spätesten beobachteten Invasion liegt, beträgt der Jahreszeit nach kaum zwei Monate." Die Commission, die ja Trinkwassertheoretiker und Antilocalist ist, fügt nur bei, »dass die Eigenthümlichkeiten der Wasserversorgung Aegyptens gerade im Juni, wo der Nil seinen tiefsten Stand erreicht, den eingeschleppten Cholerakeimen besonders günstige Bedingungen für eine weitere Verbreitung bieten«, weiss aber diesen Ausspruch nicht zu begründen.

Früher schon erwähnt der Bericht der Commission[4]), dass die alljährlich wiederkehrende Nilschwelle kaum merklich anfangs

---

1) Bericht der Commission S. 77.
2) Ebenda S. 58.
3) Bericht der Commission S. 75.
4) a. a. O. S. 49.

Juni beginne, vom 15. bis 20. Juni der Strom schneller, dann bis
Ende September langsamer steige, wo er einige Wochen lang zur
Ruhe komme, ja manchmal wieder etwas zurückgehe, um Mitte
Oktober nochmal wachsend seinen höchsten Stand zu erreichen
und dann zu seinem Tiefstande zurückzukehren. Bemerkt wird
noch, dass die Nilschwelle im Jahre 1883 besonders reichliche
Massermengen gebracht hat.

»Was die Verbreitungswege der Epidemie betrifft, so hat
offenbar einerseits der Eisenbahnverkehr eine wesentliche Rolle
gespielt; andererseits sind es die Flussläufe gewesen, welchen die
Seuche gefolgt ist. Im einzelnen der Verbreitung nachzugehen,
dazu fehlt es an der erforderlichen Vollständigkeit und Zuver-
lässigkeit der Angaben; soviel lassen dieselben indess mit Sicherheit erkennen, dass die Seuche von Ende Juni an bis in den
September hinein immer weiter südlich gewandert ist. Der Umstand, dass während dieser ihrer Wanderung der Nil in fortwährend Steigen begriffen war, ist ihr offenbar kein Hindernis
gewesen«. Dem wird schliesslich noch beigefügt: »Für einen
Einfluss des Bodens im Sinne der Pettenkofer'schen
Theorie auf das Auftreten der Cholera spricht demnach der Gang der Epidemie jedenfalls nicht«.

Dass der Eisenbahnverkehr eine wesentliche Rolle gespielt
habe, ist unerweislich, da die Epidemien sich in Aegypten ebenso
verbreiteten und nicht langsamer, als Aegypten noch gar keine
Eisenbahnen hatte.

Dass die Cholera in Aegypten stromaufwärts geschwommen
ist, spricht jedenfalls auch nicht für einen Einfluss »der Eigenthümlichkeiten der Wasserversorgung Aegyptens, welche gerade
im Juni, wo der Nil seinen tiefsten Stand erreicht, den eingeschleppten Cholerakeimen besonders günstige Bedingungen für
eine weitere Verbreitung bieten sollen«. Diesen Eigenthümlichkeiten entsprechend müssten in Aegypten die Choleraepidemien
stets stromabwärts schwimmen.

Aber die Erwähnung der Pettenkofer'schen Theorie bei dieser
Gelegenheit beweist mir nur, dass die Commission meine Ansichten über die zeitliche Disposition für Cholera nicht kennt, und

sei es mir daher gestattet, hier noch einmal zu wiederholen, was
bereits in meinem Buche »Zum gegenwärtigen Stand der Cholerafrage« gedruckt steht [1]):

»Diese Beschreibung (Bellew's der Flussthäler des Pendschab, welche
ihre Choleraepidemien auch stets zur Zeit des Anschwellens der Flüsse haben)
erinnert in hohem Grade an Aegypten und an das Nilthal, das fast ebenso
ein Wüstenklima wie Multan, und auch fast ebenso selten eine Choleraepidemie, wie Multan hat, obschon namentlich seit Eröffnung des Suezkanals
der Cholerakeim ebenso unaufhörlich von Niederbengalen nach Aegypten wie
nach dem Pendschab durch den menschlichen Verkehr getragen wird. — Ueber
das zeitliche Auftreten von Choleraepidemien im Nilthale wird man nicht
eher in's Klare kommen, als bis man weiss, was ihr Auftreten in den Thälern
des Indus oder des Tschinab ermöglicht, begünstigt und verhindert An
Cholerakeim fehlt es wohl nirgends und zu keiner Zeit, namentlich auch in
Aegypten nicht, seit der Verkehr zwischen Europa und Indien fast ausschliesslich durch das Nilthal geht, wie auch im Pendschab nicht, seit Eisenbahnen von Calcutta, wo die Cholera nie erlischt, von Südost nach Nordwest
den Ganges hinauf, von Karratschi von Südwest nach Nordost den Indus
hinauf gehen und sich in Lahore vereinigen. Wenn die Choleraepidemien
mit den Cholerakranken gingen, so müssten die Choleraepidemien in Aegypten
und im Pendschab mit dem Choleramaximum, mit der Zeit, zu welcher in
Calcutta die meisten Colerafälle vorkommen, zusammenfallen; aber in Niederbengalen ist der April, im Pendschab der August die Hauptblüthezeit dieser
verhängnisvollen Frucht. Der Boden ist überall so ziemlich gleich in den
Ebenen von Niederbengalen am Ganges und in den Ebenen des Fünfstrom-
landes; auch die Verunreinigung des Bodens durch die unvermeidlichen Abfälle des menschlichen Haushaltes wird überall ziemlich gleich sein und selbst
in der Temperatur ist kein grosser Unterschied: aber höchst verschieden sind
die Wasser- und Feuchtigkeitsverhältnisse des Bodens«.

Temperatur der Luft und Menge der atmosphärischen Niederschläge lassen leicht beurtheilen, ob Aegypten zu den Ländern
zu zählen ist, welche den Cholerarythmus von Calcutta oder den
von Lahore haben, ob die Epidemien bei fallendem oder bei steigendem Grundwasser vorkommen müssen, und jeder Meteorologe
hätte der Commission sagen können, dass Aegypten den Cholerarythmus von Lahore, seine Cholerazeiten bei steigendem Nile
haben müsse, woraus nur gefolgert werden kann, dass das zeitliche Verhalten in Aegypten der Pettenkofer'schen Theorie nicht
nur nicht widerspricht, sondern sogar sehr dafür spricht.

---

1) a. a. O. S. 536.

2*

Um von den betreffenden Verhältnissen in Aegypten ein richtiges Bild zu geben, genügt es, die Temperatur und die Regenmenge von Kairo [1]) und von Alexandria [2]) im Cholerajahr 1883 mitzutheilen, und mit den gleichen meteorologischen Factoren in Calcutta, Lahore oder Multan zu vergleichen.

Tabelle IV.

	Temperatur Celsiusgrade		Regenmenge Millimeter	
	Kairo	Alexandria	Kairo	Alexandria
Januar	14,3	14,8	0,7	60
Februar	13,0	13,8	5,1	49
März	18,7	16,8	—	—
April	20,8	18,1	—	—
Mai	25,2	20,2	—	—
Juni	29,2	24,2	—	—
Juli	28,9	25,7	—	—
August	30,4	26,6	—	—
September	28,9	25,6	—	5
October	25,4	23,4	10,6	17
November	19,5	19,9	—	94
December	14,7	15,1	8,1	15
Mittel und Summe	22,4	20,2	24,5	240

Die Temperaturunterschiede zwischen Kairo und Alexandria sind nicht sehr beträchtlich, es sind nur die Unterschiede zwischen Minimum und Maximum (17,4 °C.) in Kairo, entsprechend seinem Continentalklima, etwas höher, als in Alexandria (12,8 °C.) entsprechend seinem Seeklima. Aber gewaltig war der Unterschied in der Regenmenge: es regnete 1883 in Alexandria zehnmal mehr, als in Kairo. Trotzdem ist auch die Regenmenge in Alexandria gegenüber seiner Temperatur eine noch geringere gewesen, als sie durchschnittlich in den für die Cholera wenig disponirten Distrikten des Pendschab beobachtet wird. Lahore hat z. B. eine mittlere Jahrestemperatur von 24,3 °C., aber eine Regenmenge

---

1) Laboratoire Khédivial du Caire. Ministère des travaux publics (Pavillon Nord-Est) Directeur Ismalan.
2) Jahrbücher der k. k. Centralanstalt für Meteorologie und Erdmagnetismus. Jahrgang 1883. Wien 1885.

von 482 mm, während Calcutta bei einer mittleren Temperatur von 26,5 °C. 1600 mm Regen hat [1].

Der immune Distrikt Multan im Pendschab, welcher von 1870 bis 1881 nur 36 Cholerafälle zählte, hat im Jahre durchschnittlich nur 184 mm Regen (Minimum 48, Maximum 393 mm) und treffen von den 36 Fällen 32 auf das Jahr 1876, in welches auch das Regenmaximum fiel [2].

Nahe bei Aegypten gelegene Gegenden haben schon wieder ganz andere Verhältnisse. Beirut in Syrien z. B. hat bei einer mittleren Jahrestemperatur von 20,2 °C. 1270 mm Regen und hat bisher bei jeder Epidemie den Cholerarythmus von Culcutta gezeigt, ebenso Malta, welches eine mittlere Jahrestemperatur von 18,2 °C. und durchschnittlich 562 mm Regen hat, mithin zwischen Alexandria und Beirut steht.

Wenn man die Regenmengen an verschiedenen Orten in den einzelnen Jahren weiter verfolgt, so sieht man leicht, wie an diesen Orten die Choleraepidemien zu so verschiedenen Zeiten vorkommen können, obschon die Verkehrsverhältnisse zwischen den Orten so gleichmässige sind.

Die Contagionisten und mit ihnen die Commission erkennen nun zwar die grossen Unterschiede in der Empfänglichkeit einzelner Orte für Choleraepidemien und zu verschiedenen Zeiten an, suchen sie aber doch contagionistisch und zwar mit Hilfe des Trinkwassers zu erklären, obschon sie diesem bei keiner anderen, unzweifelhaft contagiösen Krankheit eine Rolle zutheilen können.

Für sie erschöpft das Trinkwasser die gesammte örtliche und zeitliche Disposition bei Epidemien von Cholera, Abdominaltyphus, Gelbfieber, Ruhr etc., von Krankheiten, bei welchen locale Verhältnisse thatsächlich eine wesentliche Rolle spielen.

Cholera und Abdominaltyphus betreffend, habe ich die Trinkwassertheorie schon oft als den letzten Nothanker und den sicheren Schlupfwinkel der Contagionisten bezeichnet, dessen

---

1) »Zum gegenwärtigen Stand der Cholerafrage« S. 387.
2) Ebenda S. 397.

sich nun auch die Commission in Aegypten und in Indien be-
dient. Die Grund- und Haltlosigkeit dieser Ansicht habe ich zwar
erst jüngst wieder in meinen Untersuchungen zum gegenwärtigen
Stand der Cholera [1]) nachzuweisen versucht; da aber die Commission darauf keine Rücksicht genommen hat, bin ich gezwungen,
nochmal darauf zurückzukommen.

2. Die Trinkwassertheorie in ihrer Anwendung auf die Cholerafrequenz in Indien und in Aegypten.

Die Commission glaubt namentlich in der zeitlichen Aenderung der Cholerafrequenz in der Stadt Calcutta und im Fort
William und der Aenderung der Wasserversorgung einen Beweis
für die Richtigkeit der Trinkwassertheorie zu besitzen, weil die
Abnahme der Krankheit mit Verbesserungen in der Trinkwasserversorgung zeitlich auffallend zusammentrifft, ermittelt aber ziemlich kritiklos nicht, ob diese Abnahme nicht auch andere Ursachen haben könnte.

Um den Einfluss des Trinkwassers auf den Verlauf von
Choleraepidemien, wie ihn die Commission an dem Beispiele von
Calcutta dargestellt hat, auch bei uns, z. B. in Berlin oder
München darstellen zu können, fehlt eine ganz wesentliche Bedingung, nämlich dass die Cholera bei uns, weder in Berlin noch
in München eine endemische Krankheit wie in Calcutta ist.
Um bei uns mit der Einführung einer besseren Wasserversorgung
eine plötzliche Verminderung der Cholerafälle sichtbar zu machen,
müsste die Krankheit immer da sein, und dürfte eben zu dieser
Zeit und unmittelbar zuvor der Cholerakeim im Orte nicht
fehlen.

Man kann sich da jedoch auf andere Art helfen, insoferne
wir bei uns endemische Krankheiten haben, auf welche die Trinkwassertheorie von den Contagionisten ebenso angewendet wird,
wie auf die Cholera. Hat doch erst jüngst auf dem VI. internationalen Congress für Hygiene und Demographie in Wien
B r o u a r d e l verkündet, dass in Frankreich von 100 Fällen Ab-

---

1) a. a. O. S. 180—256.

dominaltyphus mindestens 90 durch Trinkwasser verursacht werden, und in England glauben seit Snow fast alle Aerzte, dass die Typhoidepidemien ebenso aus Brunnen und Wasserleitungen getrunken werden, wie die Cholera 1854 aus dem Pumpbrunnen in Broad street in Golden Square.

Gleichwie Calcutta ein endemischer Herd für Cholera, so ist München einer für Abdominaltyphus, und zwar in früheren Zeiten in einem so hohen Grade gewesen, dass München von einem Münchner Arzte deshalb sogar als »eine Peststadt« bezeichnet wurde. Da München nun in neuester Zeit von Typhus fast ganz frei geworden ist, darf man sich wohl fragen, ob an der so auffallenden Abnahme der Typhusfrequenz die Wasserversorgung der Stadt Ursache sein kann?

Wie die Commission die Frequenz der Choleratodesfälle in Calcutta, so will ich die Frequenz der Typhustodesfälle in München in den einzelnen Jahren von 1856 bis 1887, also von 32 Jahren nebeneinander stellen, was als ein wesentlicher Theil der Geschichte des Typhus in München betrachtet werden darf.

Geradeso, wie die Commission die Zeit bezeichnet, wann eine Aenderung in der Wasserversorgung Calcutta's eingetreten ist, werde ich die Zeiten bezeichnen, wann sich in München etwas darin geändert hat.

Die folgende Tabelle enthält neben der Zahl der Einwohner die absolute Zahl der Typhustodesfälle in München in jedem Jahre, und daneben die Verhältniszahl, die Todesfälle auf 100 000 Einwohner berechnet, ferner die jährliche Regenmenge und den jährlichen mittleren Grundwasserstand, worauf ich später zu sprechen kommen werde. Der Grundwasserstand gibt die Entfernung des Wasserspiegels von der Oberfläche an, gemessen an Brunnen, welche mindestens 6 m über dem Flussspiegel der Isar liegen, so dass er ein richtiger Index für den Wechsel des Feuchtigkeitsgehaltes der oberflächlichen Bodenschichten ist [1]).

---

1) Zum gegenwärtigen Stand der Cholerafrage S. 578—583.

Tabelle V.

Jahrgang	Einwohner-zahl am Jahresanfang	Typhus·Todesfälle		Jährliche Regen-menge	Jährlicher mittlerer Grundwasserstand
		im Jahre	auf 100 000 Einwohner		
Typhussterblichkeit in der Stadt München von 1856 bis 1887				Regenmenge u. Grundwasser-bewegung in München von 1856 — 1887	

Jahrgang	Einwohner-zahl am Jahresanfang	im Jahre	auf 100 000 Einwohner	Jährliche Regen-menge	Jährlicher mittlerer Grundwasserstand
				mm	mm
1856	132 112	384	291	682,4	4228
1857	133 847	390	291	640,1	4420
1858	135 733	453	334	792,2	4405
1859	137 005	240	175	860,9	4097
1860	140 624	153	109	928,4	3933
1861	144 334	172	119	792,2	3813
1862	148 200	300	202	867,1	4019
1863	154 602	252	163	777,7	4132
1864	160 828	397	247	775,4	4065
1865 [1])	167 054	338	202	560,6	4280
1866	168 265	342	203	900,5	4204
1867	169 476	88	52	997,4	3527
1868	170 688	136	80	678,8	3723
1869	170 000	190	111	744,9	4174
1870	170 000	254	149	628,4	4315
1871	170 000	220	129	753,0	4161
1872	169 693	407	240	813,3	4340
1873	175 500	230	131	800,7	4314
1874	181 300	289	159	701,3	4414
1875	187 200	227	121	755,0	4307
1876 [2])	193 024	130	67	820,5	3711
1877 [3])	205 000	173	84	884,7	3801
1878	211 300	116	55	864,4	3758
1879	217 400	236	109	774,3	3986
1880	223 700	160	72	1025,8	3818
1881	230 028	41	18	813,5	3780
1882	236 400	42	18	982,6	4219
1883 [4])	242 800	45	19	923,9	4161
1884	249 200	34	14	809,5	4419
1885	255 600	45	18	964,6	4454
1886	262 000	55	21	931,7	4428
1887	268 400	28	10	729,6	4674

1) Einführung des Pettenkofer Brunnhauses.
2) Bis hierher ohne Vorstadt Sendling.
3) Einschlüssig Sendling.
4) Einführung der Hochquellenleitung.

Die Zahlen zeigen, dass sich die Einwohnerzahl von München im Laufe dieser Zeit mehr als verdoppelt hat, dass aber trotz dieser Vermehrung der Einwohner die Zahl der Typhusfälle absolut und relativ auffallend abgenommen hat.

Im Jahre 1856 starben noch 384 Personen von 132000, oder 291 pro 100000 an Typhus, im Jahre 1887 von 268400 nur mehr 28, oder 10 pro 100000, ja schon seit 1881 durchschnittlich nur mehr 17 pro 100000 [1]).

Man könnte einwenden, dass die Typhustodesfälle kein ganz richtiger Maassstab für die Typhusfrequenz sei, aber neuere Untersuchungen Ziemssen's an dem grossen Material der Münchner Krankenhäuser zeigen zur Genüge, dass die Typhusmortalität der Stadt ein der Morbidität ganz analoges, nur viel kleineres Bild gibt [2]).

Bis zum Jahre 1865 blieb die Wasserversorgung Münchens aus den königlichen und aus den magistratischen Wasserleitungen und aus gegrabenen Privatbrunnen die gleiche, wie sie seit vielen Jahrzehnten gewesen war, und leiteten damals auch viele die grosse Typhusfrequenz Münchens von seinem Trinkwasser ab, geradeso, wie die Kommission die Cholerafrequenz in Calcutta und in Alexandria. Die chemischen Analysen des Wassers in München gaben zwar mit Ausnahme einiger Privatbrunnen immer schon unerwartet gute Resultate, aber das hinderte nicht, das Wasser, trotz seiner Reinheit, doch als Typhusquelle zu betrachten, davon möglichst wenig zu trinken und dafür desto mehr Bier.

Es gibt noch Leute von damals in München, welche nicht an Typhus gestorben sind, noch heuzutage leben und fest glauben,

---

1) Die Einwohnerzahlen zeigen von 1867 bis 1872 einen auffallenden Stillstand, der davon herrührt, weil 1872 der Zählungsmodus geändert wurde. Vor 1872 wurde nicht die wirkliche Zahl der Anwesenden, sondern auch die zu München Gehörigen, aber zur Zeit Abwesenden gezählt, was namentlich bei der Garnison eine beträchtliche Ziffer ausmacht, wenn die Soll- und nicht die Iststärke gezählt wird. Vor 1872 ist daher in allen Jahren die Einwohnerzahl etwas zu hoch angegeben.

2) Münchener medicinische Wochenschrift 1886 S. 309. Der Typhus in München während der letzten 20 Jahre. Von Hugo von Ziemssen.

dass sie ihr Dasein nur dem Umstande verdanken, dass sie nie einen Tropfen Wasser getrunken haben.

Erst im Jahre 1865 trat eine Veränderung in der alten Wasserversorgung Münchens ein. Da namentlich viele neuentstandene Stadttheile noch gar keine Wasserleitung hatten und sich mit gegrabenen Brunnen behelfen mussten, wurden Quellen oberhalb München bei Thalkirchen gefasst und der Stadt zugeleitet. Der Ort Thalkirchen hat sich stets dadurch ausgezeichnet, dass er weder an den Typhus-, noch an den Choleraepidemien Münchens theilnahm, und hat dieser Umstand auch mit zur Wahl dieser Quellen beigetragen. Da ich mich viel um das Zustandekommen dieser Wasserleitung bemühte, taufte der Magistrat das fertige Werk »Pettenkofer Brunnhaus.«

Am 11. Juni 1866 wurde diese Leitung, welche schon im Herbste 1865 gelegt und theilweise benutzt wurde, dem allgemeinen Gebrauche in gewissen Stadttheilen übergeben.

Obschon die Quantität und auch die Qualität des Wassers für München nun als genügend erachtet werden konnte, machte sich doch bald der Uebelstand sehr bemerklich, dass das Wasser in den verschiedenen Leitungen unter sehr verschiedenem und unter einem viel zu geringen Drucke stand, um es in alle Stockwerke der Häuser zu bringen. Da fasste in den Siebziger Jahren der Magistrat den grossen Entschluss, die Wasserversorgung Münchens, soweit sie von ihm ausging, einheitlich zu gestalten und ein Röhrennetz anzulegen, in welchem das Wasser unter einem Drucke von 6, und selbst in den höchst gelegenen Stadttheilen noch unter einem Drucke von 4 Atmosphären steht. Es wurden dazu die Quellen an den Abhängen des Mangfallthales bei Darching gewählt, welche in ein Hochreservoir geleitet, von da aus in eisernen Röhren der Stadt zugeführt werden. Der Weg vom Mangfallthale bis zur Stadt beträgt etwa 30 km.

Dieses grosse Werk wurde im Jahre 1883 vollendet, arbeitet seit 20. August 1883 zur vollsten Zufriedenheit und versorgt den grösseren Theil der Stadt.

Die früheren magistratischen Wasserwerke sind mit Ausnahme des Pettenkofer Brunnhauses ausser Thätigkeit gesetzt.

Aber in einer grossen Anzahl Strassen concurriren mit den magistratischen Leitungen noch immer die alten königlichen Hofbrunnenleitungen, welche noch das nämliche Wasser wie vor 40 Jahren theils aus Quellen vom rechten Isarufer (Brunnthalerwasser), theils aus Grundwasserbrunnen im Stadtbezirke (Hofgarten-, Jungfernthurm-Brunnhaus), vertheilen, auf welche Leitungen und die damit versorgten Häuser ich später noch zu sprechen kommen werde.

Schon in der vorstehenden Tabelle ersieht man sehr deutlich aus den Zahlen, wie unter gewissen periodischen Schwankungen, welche in München nach den Untersuchungen von Buhl bekanntlich den Schwankungen des Grundwasserstandes entsprechen, die Typhusfrequenz mehr und mehr abnimmt, bis die Abnahme das überraschende Minimum vom Jahre 1881 anfangend bis jetzt erreicht.

Viel deutlicher und übersichtlicher wird es aber noch, wenn man die Typhus- und Grundwasserbewegung in den einzelnen Jahren graphisch darstellt, wie es auf dem folgenden Blatte geschehen ist.

Die 32 Rubriken entsprechen den einzelnen Jahreszahlen, welche zu unterst angegeben sind. In jeder Rubrik sieht man zwei Striche, einen ganz ausgezogenen und einen punktirten. Der ganz ausgezogene entspricht der absoluten Zahl der Todesfälle in jedem Jahre, der punktirt gezogene der relativen Zahl pro 100 000 Einwohner, den Zahlen, wie sie in der vorhergehenden Tabelle angegeben sind. Die Grundwasserbewegung ist in der obersten Curve ersichtlich.

Um aber gleich zu zeigen, um wie viel die Abnahme der relativen Zahlen grösser ist, als die der absoluten, haben die Striche nicht gleiche Maassstäbe, und sind z. B. die Striche für den Anfang im Jahre 1856 für 384 Todesfälle im Ganzen und für 290 pro 100 000 gleich lang genommen. Diese Maassstäbe sind aber dann allen Strichen der folgenden Jahre gleichmässig zu Grunde gelegt worden.

Auf den ersten Blick sieht man nun ein ähnliches Bild für den Typhus in München, wie es die Commission für die Cholera

in Calcutta gegeben hat. Man sieht 4 Typhusperioden und deren
Maxima und Minima, 1. von 1856 bis 1860, 2. von 1861 bis
1867, 3. von 1868 bis 1876, 4. von 1877 bis 1887.

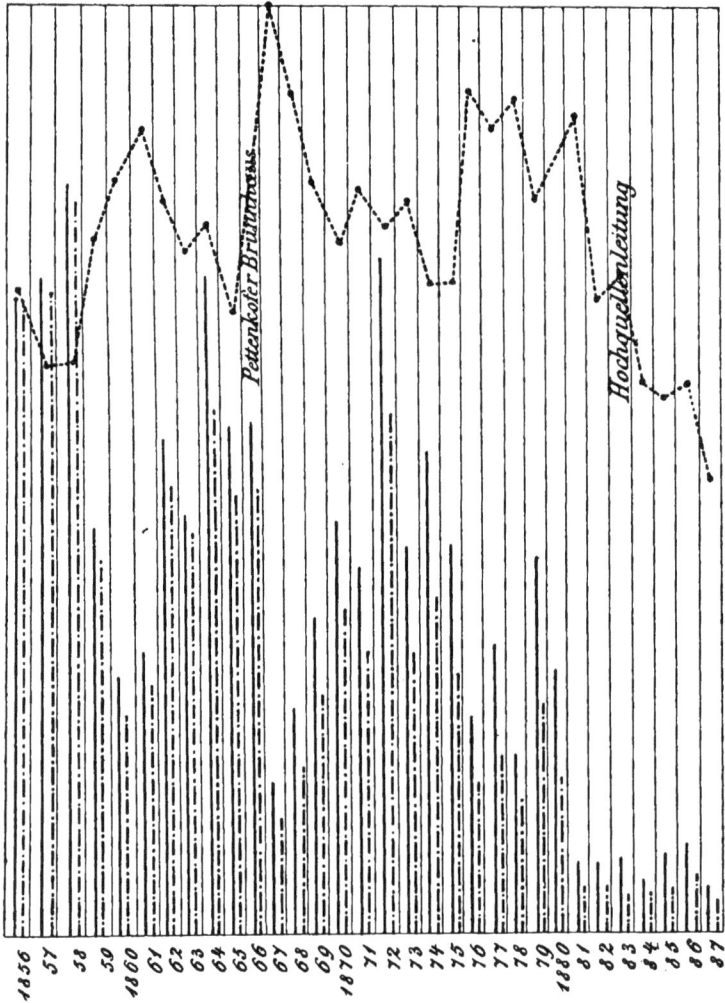

Fig. 1.

Das der ersten Periode vorausgehende Minimum ist aus der
Tabelle und aus dem Diagramme nicht ersichtlich, aber ich will
hier die absoluten Zahlen der Todesfälle aus einer früheren Arbeit

von mir nachtragen [1]). Das vorhergehende Minimum fällt in das Jahr 1851. Es starben an Typhus

im Jahre 1851 123 Personen von 123 957 Einwohnern
„   „   1852 152 „   „ 125 588 „
„   „   1853 235 „   „ 127 219 „
„   „   1854 293 „   „ 128 850 „
„   „   1855 253 „   „ 130 481 „

Die verhältnismässig heftigste Typhusepidemie hatte München im Jahre 1840, wo bei der damals nicht 100 000 betragenden Einwohnerzahl von Januar 1840 bis März 1841 511 Personen an Typhus starben [2]).

Die erste Periode, mit Inbegriff der Jahre 1851 bis 1860, umfasst 10 Jahre, die zweite 7, die dritte 9, die vierte 10 Jahre. Man sieht die Typhusfälle sowohl absolut als auch namentlich relativ allmählich weniger werden. In der ersten Periode sind die ganzen und die punktirten Linien noch ziemlich gleich gross, in der zweiten werden die Unterschiede schon grösser, in der dritten noch grösser, und in der vierten verhältnismässig am allergrössten. Wenn man Zirkel und Massstab zur Hand nimmt, kann man die Verhältnisse in Zahlen ausdrücken. Z. B. das absolute Maximum der ersten Periode im Jahre 1858 ist eine Linie von 100 mm Länge, das entsprechende relative Maximum von 97,3 mm.

Führt man diese Messung für die übrigen Maxima in den Jahren 1864, 1872 und 1879 durch und berechnet man sie procentisch, so ergeben sich folgende Verhältnisse:

Erste Periode 100 : 97,3,
zweite   „   100 : 79,7,
dritte   „   100 : 77,7,
vierte   „   100 : 61,0.

---

1) Ueber die Schwankungen der Typhussterblichkeit in München von 1850 bis 1867. Zeitschrift für Biologie Bd. 4 S. 7.

2) Der Typhus in Bayern. Von Dr. Franz Seitz. Erlangen bei Enke. 1847 S. 259.

Fragt man sich nun, was diese auffallende Verminderung
des Abdominaltyphus in München verursacht haben kann, so
schliesst die thatsächliche Antwort jeden Einfluss des Trinkwassers aus.

Die Schwankungen der Typhusmortalität in den einzelnen
Jahren gehen wohl, wie v. Buhl[1]) und v. Seidel[2]) in ihren
bahnbrechenden Arbeiten zuerst nachgewiesen haben, mit den
Schwankungen des Grundwasserspiegels in dem Sinne zusammen,
dass mit einem über das Mittel erhöhten Grundwasserstande eine
unter dem Mittel liegende Typhusfrequenz und ebenso umgekehrt zusammentrifft, aber durchaus nicht mit Aenderungen
in der Zuleitung oder Beschaffenheit des Trinkwassers. Einige
Contagionisten und Trinkwassertheoretiker nehmen wohl an, dass
diese Coincidenz von vertieftem Grundwasserstand mit erhöhtem
Typhusstand und von erhöhtem Grundwasserstand mit geringerem
Typhusstande thatsächlich zwar bestehe, glauben aber, dass diese
Thatsachen mit der Trinkwassertheorie doch vereinbar seien, sobald
man annimmt, dass das Sinken des Grundwassers zugleich als
eine Concentration, und sein Steigen als eine Verdünnung der
schädlichen Bestandtheile im Trinkwasser aufzufassen sei. In
diesem Sinne hat sich schon früher Buchanan[3]) und in neuester
Zeit wieder Brouardel[4]) ausgesprochen. Aber diese Forscher
haben keine Untersuchungen darüber angestellt, ob die Beschaffenheit des Wassers wirklich mit ihrer Voraussetzung zusammentrifft. Gerade aber in München hat man darüber fortlaufende
Untersuchungen während einer längeren Reihe von Jahren an-

---

1) Ein Beitrag zur Aetiologie des Typhus. Von Ludwig Buhl. Zeitschrift für Biologie Bd. 1 S. 1.

2) Ueber den numerischen Zusammenhang, welcher zwischen der Häufigkeit der Typhuserkrankungen und dem Stande des Grundwassers während
der letzten 9 Jahre in München hervorgetreten ist. Von Ludwig Seidel.
Zeitschrift für Biologie Bd. 1 S. 221. Ferner: Vergleichung der Schwankungen
der Regenmengen mit den Schwankungen in der Häufigkeit des Typhus in
München. Zeitschrift für Biologie Bd. 2 S. 145.

3) Deutsche Vierteljahresschrift für öffentl. Gesundheitspflege Bd. 2 S. 169.
Auch Medical Times 1870 S. 1028.

4) Tagblatt des VI. internationalen Congresses für Hygiene und Demographie in Wien 1887. Auch in Revue d'hygiène tom. IX. p. 819.

gestellt, und diese Untersuchungen von August Wagner[1]) und Louis Aubry[2]) haben gerade das Gegentheil von dem ergeben, was die Trinkwassertheoretiker voraussetzen. Bei tiefstem Grundwasserstand ist das Brunnenwasser in München am reinsten, bei höchstem Grundwasserstand am unreinsten.

Oberstabsarzt Dr. Port, welcher die Typhusbewegung in den 7 Kasernen Münchens seit 1868 in musterhafter Weise verfolgt[3]), ist durch fortlaufende Wasseruntersuchungen zu dem Schlusse gelangt, »dass die typhusreichen Kasernen das beste, die typhusarmen das schlechtere Trinkwasser besitzen«. Dieser exakte Forscher theilte mir zu Typhuszeiten wiederholt mit, dass er nun bald auf Abnahme der Endemien in den Kasernen hoffe, weil das Trinkwasser anfange unreiner zu werden.

Die Erklärung für diese der landläufigen Trinkwassertheorie so widersprechenden Thatsachen ist in den Arbeiten von Franz Hofmann »Grundwasser und Bodenfeuchtigkeit«[4]) und »Ueber das Eindringen von Verunreinigungen in Boden und Grundwasser«[5]) zu finden.

Dass die Typhusfrequenz wohl von der Grundwasserbewegung, aber nicht vom Trinkwasser abhängig ist, hat sich nicht bloss in München, sondern auch in anderen grossen Städten gezeigt. Virchow[6]) hat diese Abhängigkeit schon seit lange in Berlin nachgewiesen, und Oskar Fräntzel sagt in seinen »Bemerkungen über die Behandlung des Ileotyphus«[7]): »Immerhin beweist uns die Typhoidstatistik, wenn wir die Verhältnisse von Berlin zunächst in Betracht ziehen, dass mit der allgemeinen Verbesserung

---

1) Beobachtungen über den schwankenden Gehalt des Wassers an festen Bestandtheilen aus verschiedenen Brunnen in München. Zeitschrift für Biologie Bd. 2 S. 289, Bd. 3 S. 86.

2) Zeitschrift für Biologie Bd. 6 S. 285, Bd. 9 S. 145.

3) Zeitschrift für Biologie Bd. 8 S. 457. Ferner Archiv für Hygiene Bd. 1 S. 63.

4) Archiv für Hygiene Bd. 1 S. 273.

5) Ebenda. Bd. 2 S. 145.

6) Virchow, Gesammelte Abhandlungen aus dem Gebiete der öffentl. Medicin Bd. 2 S. 337.

4) Deutsche militär-ärztliche Zeitschrift 1886.

der sanitären Verhältnisse die Häufigkeit der Erkrankungen an
Ileotyphus wesentlich abgenommen hat. Diese Abnahme müssen
wir nothwendig mit der allmählich fortschreitenden Entwickelung
unseres Kanalisationssystems in Zusammenhang bringen. Der
Versorgung Berlin's mit Trinkwasser möchte ich keinen erheb-
lichen Einfluss zuerkennen; denn wir haben noch sehr ausge-
dehnte und schwere Epidemien in Stadtgegenden gesehen, wo
lange Zeit bereits die Wasserleitung bestand, und erst nachdem
die Kanalisation in Wirksamkeit trat, bemerkten wir in den betreffenden Gegenden eine auffällige Abnahme in der Häufigkeit
der Erkrankungen.«

Eine sehr eingehende und umfassende Untersuchung hat
J. Soyka[1]) über die Typhusbewegung in Berlin, Frankfurt am
Main, Bremen, München und Salzburg veröffentlicht, aus welchen
die regelmässige Coincidenz der Grundwasserbewegung mit der
endemischen Bewegung des Abdominaltyphus während einer längeren Reihe von Jahren unzweifelhaft hervorgeht.

Wenn die Epidemien davon abhängen würden, dass zufällig
von den Ausleerungen eines Typhuskranken ein Theil eines Typhusstuhles ins Trinkwasser gelangt, dann wäre auch unerklärlich,
warum dieser Zufall an den verschiedenen Orten sich so constant
nur zu gewissen Zeiten ereignet. München und Berlin haben
ganz verschiedene Typhuszeiten. In München fällt das Maximum
in den Februar, das Minimum in den Oktober, in Berlin das
Maximum in den Oktober, was wohl sehr gut mit den verschiedenen Bewegungen des Grundwassers in München und Berlin,
aber nicht mit dem Trinkwasser harmonirt. Sollten in München
die Wasserleitungen und Brunnen den Typhusstühlen wirklich
im Winter und die in Berlin im Herbste zugänglicher sein? Um
so etwas zu glauben, gehört doch viel mehr Weisheit dazu, als
selbst den klügsten Trinkwassertheoretikern zu Gebote. stehen
dürfte.

Der gleiche Fall wie in München und Berlin liegt in
Danzig vor.

---

1) Zur Aetiologie des Abdominaltyphus. Archiv für Hygiene Bd. 6 S. 257.

Danzig war in früheren Zeiten bekanntlich auch eine wegen ihrer Typhus- und Choleraepidemien oft genannte Stadt, und verdankt es dem energischen und einsichtsvollen Eingreifen ihres Oberbürgermeisters, des geheimen Rathes von Winter, dass auch dort diese Verhältnisse sich wesentlich gebessert haben. Ich schrieb, um sichere Auskunft zu erhalten, an Herrn von Winter, und bat, mir die Zahl der Typhustodesfälle von 1865 bis 1886 und zugleich die Zeiten für Kanalisirung und Wasserversorgung mitzutheilen. Die Angaben beziehen sich auf die innerhalb der Festungswerke lebende Civilbevölkerung der Stadt, etwa 60000. Von dieser starben an Abdominaltyphus

1865	.	.	.	. 67 Personen	1876	.	.	. . 20 Personen
1866	.	.	.	. 67 „	1877	.	.	. . 20 „
1867	.	.	.	. 87 „	1878	.	.	. . 15 „
1868	.	.	.	. 89 „	1879	.	.	. . 14 „
1869	.	.	.	. 64 „	1880	.	.	. . 6 „
1870	.	.	.	. 50 „	1881	.	.	. . 9 „
1871	.	.	.	. 79 „	1882	.	.	. . 12 „
1872	.	.	.	. 57 „	1883	.	.	. . 5 „
1873	.	.	.	. 30 „	1884	.	.	. . 7 „
1874	.	.	.	. 38 „	1885	.	.	. . 16 „
1875	.	.	.	. 25 „	1886	.	.	. . 13 „

Danzig hatte eine sehr mangelhafte Wasserversorgung. Bis zum Jahre 1869 war die Stadt fast ausschliesslich mit in Holzröhren in Brunnenschachte geleitetem Wasser aus dem Radaunekanale versehen. Dieser Kanal nimmt auf einem etwa 14 km langen Laufe oberhalb der Stadt sehr viele Unreinigkeiten aus bevölkerten Ortschaften, gewerblichen und landwirthschaftlichen Anlagen auf[1]), und war sein Wasser daher oft sehr verunreinigt. Als man nun an Assanirung der Stadt ging, dachte man vor Allem gutes Wasser schaffen zu müssen, welches man den Quellen der westwärts von Danzig gelegenen Höhenzüge ent-

---

1) Dr. A. Liévin, Die Mortalität in Danzig während der Jahre 1863 bis 1869. Deutsche Vierteljahrsschrift für öffentl. Gesundheitspflege 1871 Bd. 3 S. 350.

nahm.   Die Quellwasserleitung fing am 12. November 1869 zu
fliessen an.   Der eigentliche Anschluss der Häuser begann aber
erst im Jahre 1870 und fand 1871 seinen Abschluss.

Sofort wurde aber auch mit der Kanalisation und mit der An-
lage von Rieselfeldern begonnen. Das Kanalisationssystem wurde
am 16. December 1871 in Betrieb gesetzt. Erst Ende des nächsten
Jahres 1872 waren $^3/_4$ der Häuser (ca. 3500) angeschlossen.

Auf dem folgenden Diagramme ist die Typhusbewegung in
Danzig von 1865 bis 1886 ersichtlich und die Jahre der Einführung des Quellwassers und der Kanalisation bemerkt.

Das Diagramm von Danzig liefert ein ganz ähnliches Bild,
wie das oben von München. Der Trinkwassertheorie entsprechend
hätte der Typhus sofort niedergehen sollen, als nicht mehr das
alte schlechte, sondern das neue gute Wasser getrunken wurde.
Das Jahr 1870 zeigt auch eine Abnahme gegen das Vorjahr.
Dass die Abnahme nicht grösser ist, könnte man davon ableiten,
dass, wie Oberbürgermeister von Winter mir mittheilt, der Anschluss der Häuser an die Wasserleitung erst im folgenden Jahre
1871 seinen Abschluss fand.   Aber in diesem Jahre hätte die
Typhusfrequenz schon ihr Minimum erreichen müssen.   Aber
es geschieht das gerade Gegentheil.   In diesem Jahre des Heils
1871 steigt der Typhus wieder sehr beträchtlich an.

Die Kanalisation kann der Bodentheorie entsprechend nie
plötzlich wirken.   Ein verunreinigter, mit Nährstoffen für die
Typhuskeime imprägnirter Boden kann nicht plötzlich unfruchtbar werden; er braucht Zeit, um reiner zu werden, wenn man
auch plötzlich aufhört, ihn zu verunreinigen. Erst im Jahre 1883
kommt es auch in Danzig zu einem noch nie dagewesenen Minimum. · Es ist also in Danzig genau so gegangen, wie in München: vom Trinkwasser lässt sich kein Einfluss erkennen, von
der Kanalisation aber ein sehr deutlicher.

Betrachten wir daher noch einmal das Diagramm der Typhusfrequenz in München während 32 Jahren und vergleichen es mit
den Vorkommnissen der Wasserversorgung.

Die Einführung des Wassers aus dem Pettenkofer Brunnhause fällt in das Jahr 1866. Die Wirkung ist gleich Null. Auf

Typhusbewegung in Danzig von 1865 bis 1886.

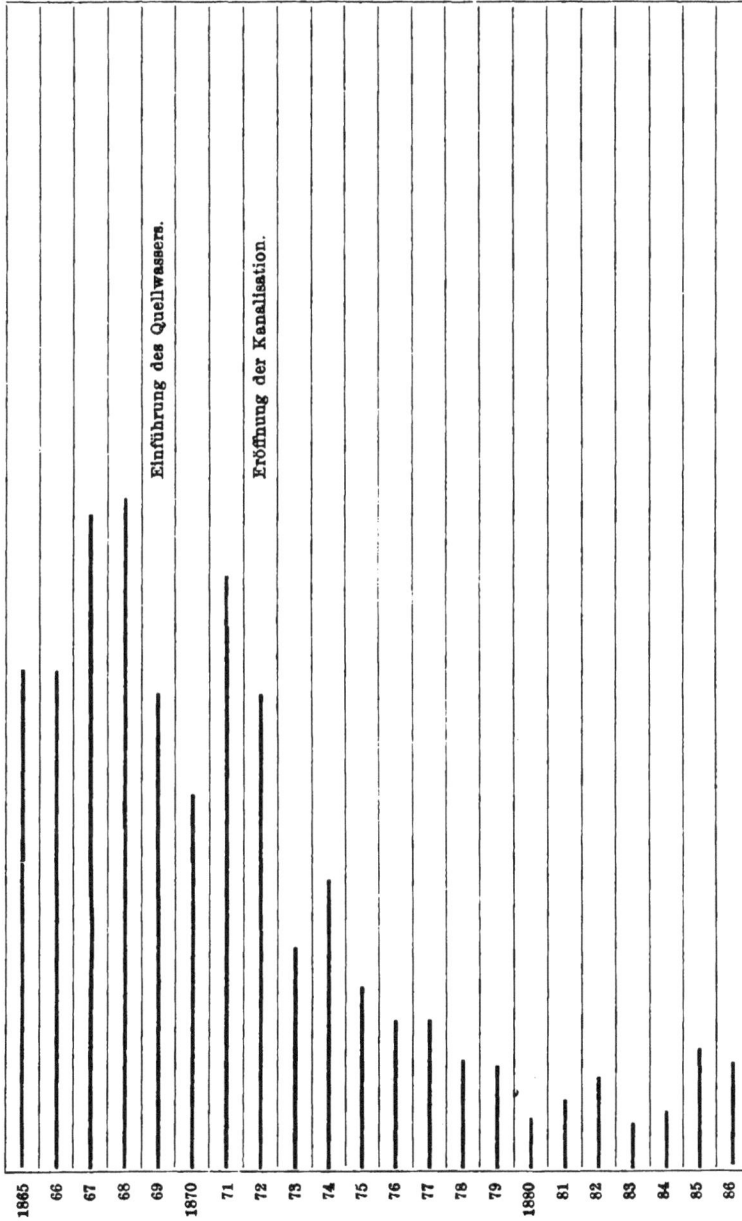

Fig. 2.

3*

das Jahr 1865 treffen 338, auf das Jahr 1866 sogar 342 Typhus-todesfälle.

Aber wenn das genannte Brunnhaus nur 1 Jahr später er-öffnet worden wäre, wäre die Eröffnung mit einem ebenso auf-fallenden, plötzlichen Minimum von 88 Typhusfällen zusammenge-troffen, wie die Commission es für die Cholera in Calcutta angibt, wo im Jahre 1870, nachdem das filtrirte Gangeswasser eingeführt wurde, nur mehr 1558 Choleratodesfälle vorkamen, und im nächsten Jahre 1871 sogar nur mehr 796, während vorher im Jahre 1869 noch 3582 vorgekommen waren. Dass später, im Jahre 1882, doch wieder 2240 und im Jahre 1884 2272 Choleratodesfälle in Calcutta trotz der verbesserten Wasserversorgung vorkamen, darf natürlich einen Trinkwassergläubigen nicht beirren[1]).

Aber selbst wenn das Pettenkofer Brunnhaus in München ein Jahr später eröffnet worden und seine Eröffnung mit dem Minimum von 88 Typhustodesfällen im Jahre 1867 zusammen-gefallen wäre, dürfte man durchaus nicht schliessen, dass das mit dem Trinkwasser der Stadt auch nur den geringsten Zu-sammenhang gehabt habe, denn das Trinkwasser aus dem Petten-kofer Brunnhause trat ja nicht an die Stelle einer anderen Wasser-versorgung; die übrigen Brunnhäuser blieben ohne Ausnahme alle bestehen, und wurde das bisherige Leitungswasser nicht durch ein anderes ersetzt sondern nur vermehrt, und auch dies durch-aus nicht in dem Maasse, in welchem die Typhusabnahme erfolgte. Im Jahre 1867 hatten die Häuser und Strassen, in welchen das alte Wasser fortgetrunken wurde, nicht mehr Typhusfälle, als die Häuser und Strassen, welche aus dem Pettenkofer Brunnhause versorgt wurden.

Dass die Eröffnung des Pettenkofer Brunnhauses auf die Typhusfrequenz in München aber auch nicht den geringsten Ein-fluss gehabt hat, sieht man bei Betrachtung der dritten Typhus-periode von 1867 bis 1876. Auf der Höhe dieser Periode im Jahre 1872 starben sogar wieder 407 (240 pro 100 000), während in der vorhergehenden Periode im Jahre 1864, wo das Petten-

---

1) Zum gegenwärtigen Stand der Cholerafrage. S. 244 u. 380.

kofer Brunnhaus noch schlummerte, auch nur 397 (246 pro
100000) gestorben waren.

In der auf dem Diagramme sichtbaren vierten Periode von
1876 bis 1887 kommt aber der Nichteinfluss des Trinkwassers
noch viel auffallender zum Vorschein. Diese Periode zeigt in
Folge der fortschreitenden Assanirungswerke und deren Nach-
wirkung ganz auffallend niedrige Zahlen im Vergleich mit vorausgegangenen Zeiten. In diese Periode fällt aber auch die Einführung der Hochquellenleitung im Jahre 1883 und das Verschwinden der übrigen magistratischen Brunnhäuser mit Ausnahme des Pettenkofer Brunnhauses; aber die Typhusfrequenz
der Stadt war schon vorher in den Jahren 1881 und 1882 auf
ein in München noch nie dagewesenes Minimum gesunken und
ist bis jetzt auch darauf geblieben.

An dieser Abnahme des Typhus in München ist jedenfalls
das Trinkwasser ganz unbetheiligt, denn das Pettenkofer Brunnhaus kam im Jahre 1866 ein Jahr zu früh, und die Hochquellenleitung im Jahre 1883 zwei Jahre zu spät, um mit der Abnahme
der Typhusfrequenz zu coincidiren, was eine wahre Ironie, ein
zweifacher Hohn auf die Trinkwassertheorie ist. Und ich glaube,
dass München als eine in früherer Zeit verrufene, geradezu berühmte Typhusstadt ein gewichtiges Wort in der Frage der Typhus-
ätiologie mitzusprechen hätte.

Ich will nun aber den für die Trinkwassertheorie günstigsten
Fall setzen, dass das Pettenkofer Brunnhaus im Jahre 1867 und
die Hochquellenleitung im Jahre 1881 eröffnet worden und mit
der so auffallenden Abnahme der Typhusfrequenz wirklich zu-
sammengefallen wäre, ähnlich wie es für die Cholera im Fort
William und in der Stadt Calcutta der Fall war, und will von
den Trinkwassertheoretikern mich fragen lassen, ob ich auch dann
noch an dem Einfluss des Trinkwassers zweifeln könnte?

Auch in diesem Falle müsste ich auf das Entschiedenste
jeden Einfluss des Trinkwassers auf Grund einer anderen Thatsache verneinen. Wenn die Einführung des Pettenkofer Brunnhauses und der Hochquellenleitung scheinbar auch gewirkt hätte,
so blieben die alten königlichen Wasserleitungen unverändert be-

stehen, welche wie bisher zahlreiche Abnehmer versorgen und
heut zu Tage noch im grösseren Theile der Stadt mit den magistratischen Leitungen concurriren. Wenn der Typhus in Folge
der Verbesserungen der magistratischen Leitungen abgenommen
hätte, so hätte er in den Häusern, welche aus den königlichen
Brunnhäusern ununterbrochen bis jetzt ihr Wasser schöpfen, fortdauern müssen. Ich habe das nun genau untersucht und gefunden, dass die aus der alten Wasserleitung, welche Eigenthum
der königlichen Civilliste ist, versorgten Häuser den Typhus ebenso
und gleichzeitig verloren haben, wie die aus der magistratischen
Hochquellenleitung gespeisten. Ich wandte mich deshalb an den
königlichen Obersthofmeister-Stab mit der Bitte, mir das Wasser-
zinskataster des Hofbauamtes zur Einsicht zu gestatten. Seine Excellenz Obersthofmeister Graf Gustav zu Castell, welcher jederzeit
für sanitäre Angelegenheiten ein reges Interesse gezeigt hat, gestattete
mir auch sofort die unbeschränkte Benutzung dieses Aktenstückes,
nach welchem die Hauseigenthümer bezahlen, und ich war in
hohem Grade überrascht und erstaunt, dass in München noch
viel mehr Häuser und Menschen aus den alten kgl. Brunnwerken
versorgt werden, als ich vermuthet hatte. Dieses Wasser, von
dem München in den Dreissiger, Vierziger, Fünfziger und Sech-
ziger Jahren so viel Typhus gehabt haben soll, fliesst bis zum
Jahre 1887 noch in 114 Strassen und in 871 Wohnhäusern.

Der Vorstand des magistratischen statistischen Bureaus,
Herr Pröbst, war so freundlich, mir auch die Zahlen der Einwohner für jedes einzelne dieser 871 Häuser nach der letzten
Volkszählung anzugeben, und demnach wohnten in diesen
871 Häusern im Jahre 1885 noch 23302 Menschen.

Diese Zahlen sind gewiss gross genug, um beurtheilen zu
können, ob verschiedenes Trinkwasser an der Typhusfrequenz in
den einzelnen Häusern einen Antheil hat oder nicht. Wie man
es aber auch untersuchen mag, findet man keinen. Die Strasse
Thal z. B., welche vor ihrer Kanalisation ein Haupttyphusherd
war, zählt 78 Hausnummern, etwa 3000 Einwohner und ist theils
aus der kgl. Leitung, theils aus der magistratischen mit Wasser
versorgt, die nördliche Häuserreihe mehr aus ersterer, die süd-

2. Trinkwassertheorie. 39

liche aus letzterer. Ebenso wenig, als das verschiedene Wasser
im Thal bei der grossen Choleraepidemie von 1854[1]) einen Unterschied gezeigt hat, ebenso wenig zeigt sich einer bei der Frequenz des endemischen Typhus. Als die Typhusfrequenz im
Thal zu sinken begann, erfolgte die Abnahme gleichmässig in
den mit verschiedenem Wasser versorgten Häusern[2]).

Es lässt sich noch eine Rechnung anstellen, welche jeden
Vorurtheilsfreien überzeugen muss, dass die Abnahme des Typhus
in München nicht von Aenderungen in der Wasserversorgung
herrühren kann. Ich will z. B. die für die Trinkwassertheorie
ganz ungerecht günstige Annahme machen, dass z. B. die
34 Typhustodesfälle, welche im Jahre 1884 in München vorkamen, als die Hochquellenleitung im Jahre zuvor ins Leben getreten war, ausschliesslich nur in den 871 Häusern und unter
ihren 23302 Einwohnern vorgekommen seien, welche noch das
alte Wasser tranken, und nun fragen, ob sich daraus vielleicht
pro 100000 Einwohner eine ebenso grosse oder höhere Ziffer berechnet, als sich in früheren Typhusjahren für ganz München
ergeben hat, wo die Stadt weder das Pettenkofer Brunnhaus,
noch die Hochquellenleitung hatte. Im Jahre 1858 starben 334
pro 100000, im Jahre 1884 kämen auf 23302 Bewohner der
mit Wasser aus der kgl. Hofbrunnleitung versorgten 871 Häuser
demnach 34, was 146 pro 100000 entsprechen würde, und immer
erst 44% der früheren Menge wäre.

Eine für ihre Ansicht günstigere Probe könnten die Trinkwassertheoretiker gar nie verlangen: aber nicht einmal diese
fällt zu ihren Gunsten aus. Das Fortbestehen der königlichen Wasserleitungen ist ein dreifacher Hohn
auf die Trinkwassertheorie.

Warum aber so viele Aerzte und Laien trotz allem immer noch
zäh an der Trinkwassertheorie hängen, hat einen sehr einfachen
Grund. In dem noch so dunklen Gebiete der Infectionskrankheiten ist es das Einfachste, sich zu denken, dass die Kranken
den Infectionsstoff, welcher ihnen verderblich geworden, auch

---

1) ›Zum gegenwärtigen Stand der Cholerafrage‹ S. 182.
2) S o y k a , Hygienische Tagesfragen. München. Rieger's Buchhandlung.

wieder infectionstüchtig ausscheiden und damit Andere, Gesunde
anstecken. Bei den örtlich und zeitlich so verschieden auftreten-
den Typhus- und Choleraepidemien braucht man aber noch etwas
ausser Kranken und Gesunden zur Erklärung, etwas, was in der
Oertlichkeit liegt, und da ist das Trinkwasser das Nächstliegende.
Jeder Arzt und jeder Laie kann sich denken, dass von einem
Kranken etwas in einen Brunnen oder in eine Wasserleitung
kommt, woraus Viele ihren Durst stillen, und da zur Infection
mit einem contagium vivum minimale Mengen genügen, warum
sollten die Spuren eines Cholera- oder Typhusstuhles, welche
möglicherweise in das Wasser eines Ortes gelangen können,
nicht genügen, diesen Ort zu einem Typhus- oder Choleraorte
zu machen?

Diese Theorie ist einfach, jedermann leicht verständlich und
schliesst wenigstens scheinbar die Aetiologie aller jener Infectionskrankheiten ab, welche bei ihrem epidemischen Auftreten eine
grössere Abhängigkeit von Ort und Zeit verrathen. Das Trinkwasser ist ein Theil jeder Oertlichkeit und kann zu verschiedenen
Zeiten inficirt sein. Es ist selbstverständlich, dass gewisse Aenderungen in Beschaffenheit oder in der Bezugsquelle des Wassers
eines Ortes auch hie und da thatsächlich mit dem Erscheinen
oder Verschwinden solcher Epidemien örtlich und zeitlich zufällig
zusammentreffen. Die Trinkwassertheoretiker zählen bekanntlich
nur die Fälle, welche mit ihrer Theorie, mit ihrer vorgefassten
Meinung zusammenfallen und heissen diese Fälle positive, von
welchen ein einziger mehr werth sei, als hundert gegenüber-
stehende negative; aber positiv ist ja nur das zufällige Zusammentreffen in einigen wenigen Fällen.

Welchen Werth so einzelne zufällige Coincidenzen des Auftretens oder Verschwindens von Infectionskrankheiten, welche
man vom Trinkwasser abhängig glaubt, thatsächlich haben, zeigt
sich auch recht deutlich beim Abdominaltyphus in Paris, wo
Professor Brouardel z. B. gefunden hat, dass im Jahre 1886,
wo man zu einer sehr trockenen Zeit wegen momentanen Mangels
an Quellwasser gezwungen war, vom 20. Juli bis 7. August in
gewissen Stadttheilen von Paris Wasser aus der Seine, welches

oberhalb Paris dem Flusse entnommen wurde, zu vertheilen, die
Zahl der Typhuskranken sich plötzlich um mehr als das dreifache vermehrte, indem in der Woche vom 18. bis 24. Juli 40,
und in der Woche vom 1. bis 7. August 150 Typhuskranke in
den Krankenhäusern zugingen. Nach Wiedereinführung von
Quellwasser sank die Zahl der Typhuskranken in der Woche vom
15. bis 21. August sofort wieder auf 80.

Brouardel beruft sich auch noch auf eine von einem Militär-
arzte, médecin major Dr. Régnier bei einem Sappeurregimente
constatirte Thatsache. Zu der Zeit, in welcher sich die Typhusfälle
in der Civilbevölkerung so vermehrten, beobachtete Dr. Régnier
eine ebenso ungewöhnliche Zunahme der Krankheit in der
Kaserne, welcher Seine-Wasser zugeleitet wurde, und ein Verschwinden derselben, nachdem wieder Quellwasser zugeleitet wurde.

Zum Ueberfluss haben Chantemesse und Widal in
verdächtigem Trinkwasser die Gegenwart eines Mikroorganismus
nachgewiesen, welcher alle Eigenschaften des von Ebert,
Gaffky, Koch u. a. in Typhuskranken gefundenen Typhusbacillus zeigt.

Brouardel und Régnier erblicken in diesen Coincidenzen das Verhältnis von Ursache und Wirkung, aber eine ge-
nauere Untersuchung, welche der Ingenieur Bechmann[1]) in
neuester Zeit angestellt hat, beweist unwidersprechlich, dass diese
Typhusbewegung in Paris vom Trinkwasser ganz unabhängig war.

Bechmann weist nach, dass das Seine-Wasser nur in drei
Bezirken (Arrondissements) zur Vertheilung kam, und auch da nicht
allen Quartieren zugeführt wurde, dass aber diesen drei Bezirken
17 gegenüberstehen, in welchen keine Veränderung der Wasserversorgung eintrat, aber die Typhusfrequenz gleichzeitig, und in
einigen noch in einem höheren Grade stieg, als in den drei mit
Seine-Wasser versorgten Bezirken. Ebenso hat der Typhus auch
in den 17 Bezirken in gleicher Weise, wie in den drei vom
20. Juli bis 7. August mit Flusswasser versorgten darnach wieder

---

1) Les eaux de Paris et la fièvre typhoide. Par M. Bechmann, Ingenieur en chef des eaux de Paris. Revue d'Hygiène et de Police sanitaire.
T. IX p. 1029.

abgenommen. Bechmann hat das in schlagenden Diagrammen dargestellt.

Wegen eines Bruches in der Wasserleitung von Arcueil wurde wieder vom 27. Januar 1887 bis März 1887 einigen Bezirken Flusswasser zugeführt. Schon im Februar steigerte sich die Typhusfrequenz und glaubt Brouardel, in dieser doppelten Coincidenz Thatsachen zur Stütze seiner Theorie erblicken zu dürfen. Aber die vervollständigte Statistik widerspricht auch hier. »Die Bezirke, welche im Januar und Februar das Quellwasser (Dhuis) behielten, wurden nicht weniger vom Typhus ergriffen als die anderen«.

Im Sommer 1887 trat ein Ereignis ein, das einem absichtlich angestellten Experiment mit Trinkwasser gleich geachtet werden muss. Das Quellwasser reichte wieder nicht zur Versorgung aller Stadttheile aus, und musste daher in einigen stets Flusswasser vertheilt werden. Um aber unter dieser Unannehmlichkeit nicht immer die nämlichen Quartiere dulden zu lassen, wurde das Quellwasser zonenweise nacheinander wechselnd durch Flusswasser ersetzt. Bechmann sagt: »Wenn der ungünstige Einfluss, welchen man dem Seine-Wasser zuschreibt, thatsächlich bestände, hätte man in jeder dieser Zonen, wo es nacheinander zur Vertheilung kam, diese charakteristische Vermehrung der Krankheit müssen nachweisen können; man sah ja deutlich den Gang des Seine-Wassers vor sich, wo er begann und endete. Aber es zeigte sich nichts dieser Art; die Krankheit folgte nahezu überall einem gleichen Gesetze, und ist es wirklich unmöglich, in den Wochenlisten über die Todesfälle irgend einen Zusammenhang zwischen dem wechselnden Ersatz des Wassers und dem wechselnden Auftreten des Typhus zu entdecken«.

Bechmann fügt bei, dass solche Wandlungen in den Zugängen in die Spitäler und in den Todesfällen an Typhus, auf welche sich Brouardel für die Jahre 1886 und 1887 beruft, in Paris schon gar oft vorgekommen seien, ohne dass in der Wasserversorgung die geringste Aenderung stattgefunden habe. Er schliesst logisch ganz richtig weiter: »Wie soll man sich dieses Wachsthum des Typhus ohne jede Veränderung des Trinkwassers erklären? Möchte man es nicht nothwendig einer andern

Ursache zuschreiben? und was auch immer Ursache sein mag, warum soll man a priori annehmen, dass diese nicht auch zu der Zeit gewirkt habe, wo man theilweise vom Seine-Wasser Gebrauch gemacht habe?«

Was das Verhalten des Typhus in den Kasernen von Paris nach Dr. Régnier betrifft, stellt Bechmann den Typhusvorkommnissen des Sappeurregimentes, welches mit Seine-Wasser versorgt war, die Kaserne von Ménilmontant gegenüber, welche zu dieser Zeit ausschliesslich mit Quellwasser versorgt geblieben ist, und doch eben so viele Fälle hatte, wie die mit Seine-Wasser versorgten, während von zehn mit Seine-Wasser versorgten Kasernen fünf keinen einzigen Fall hatten.

Gegen diese Angaben sind zwar namentlich von Dr. Régnier einige Einwendungen versucht worden[1]), die aber im ganzen nichts zu ändern vermögen.

Was den Nachweis des Typhusbacillus im Trinkwasser durch Chantemesse und Widal anlangt, so muss auffallen, dass dieser Nachweis in Frankreich viel leichter gelingt, als in Deutschland, wo der Typhusbacillus in den Kranken von Eberth doch zuerst entdeckt wurde. Koch und Gaffky sind bekanntlich nicht bloss strenggläubige Trinkwassertheoretiker, sondern auch hervorragende Bacteriologen, aber sie waren noch nie so glücklich, Typhusbacillen im Trinkwasser mit der nöthigen Sicherheit zu constatiren. Es gibt bekanntlich im Wasser so viele Mikroorganismen und gleichen mehrere von ihnen sowohl morphologisch als auch culturell den Typhusbacillen in einem Grade, dass die Diagnose eine höchst schwierige ist. Auch Dr. Hans Buchner fand bei seinen zahlreichen bacteriologischen Untersuchungen des Münchener Trinkwassers aus Wasserleitungen und Brunnen schon oft solche Mikroorganismen, welche mit den Eberth'schen Bacillen identisch zu sein schienen, aber schliesslich doch immer differencirt wurden.

Und selbst in dem Falle, dass der Eberth'sche Bacillus gelegentlich des Herrschens einer Typhusepidemie wirklich ins

---

1) Revue d'hygiène tom. X p. 157.

Wasser gerathen und in einer Wasserprobe gefunden würde, wäre die Annahme noch nicht gerechtfertigt, dass die Menschen den Typhus vom Trinken solchen Wassers bekommen haben, denn es fehlt noch jeder experimentelle Nachweis, dass mit solchen hochgradigen Verdünnungen Infectionsversuche gelingen, wie ich später noch zeigen werde.

Ebenso wenig wie vom Typhus lässt sich in Paris eine Abhängigkeit der Cholera vom Trinkwasser nachweisen, obwohl diese auch dort in der Académie de Médecine von manchen Aerzten behauptet worden ist. Dr. Miquel[1]) theilt darüber mit, dass sich die Choleraepidemie von 1884, welche nur 567 Todesfälle verursachte, wesentlich auf den nordöstlichen Theil von Paris beschränkt habe, aber nicht von der Wasserversorgung abgeleitet werden könne, weil nebeneinander liegende Stadttheile, welche aus ein und derselben Wasserleitung versorgt waren, so verschiedene Cholerafrequenz zeigten, dass sich die relativen Zahlen wie 1 zu 20, 1 zu 30 und sogar wie 1 zu 50 verhielten.

Ehe ich die Abnahme der Cholera in Calcutta und in Fort William, welche durch eine bessere Wasserversorgung erfolgt sein soll, bespreche, will ich angeben, wodurch die Typhusabnahme in München, bei welcher die Trinkwasserversorgung unmöglich auch nur die kleinste Rolle gespielt haben kann, möglicherweise verursacht sein kann. Es wird sich dann beurtheilen lassen, ob die·nämlichen, oder ähnliche Ursachen nicht vielleicht auch bei Abnahme der Cholera in Calcutta gewirkt haben.

Die örtliche und örtlich-zeitliche Disposition für Cholera- und für Typhusepidemien verräth viel Gemeinsames nicht bloss dadurch, dass auf beide die Trinkwassertheorie ganz gleichmässig angewandt wird, sondern auch gleiche prophylaktische Maassregeln angewandt werden. Ganz allerdings decken sich die örtlichen Dispositionen für beide Krankheiten nicht, denn ich kenne viele choleraimmune Orte (Lyon, Versailles, Stuttgart, Würzburg etc.), welche zeitweise von heftigen Typhusepidemien heimgesucht worden sind; auch in England, was seine frühere

---

1) Huitième Mémoire sur les poussières organisées de l'atmosphère. Annuaire de l'observatoire de Montsouris pour l'an 1886·p. 493.

Disposition für Cholera seit 1866 verloren zu haben scheint, kommen orts- und zeitweise immer noch Typhusepidemien vor — aber so viel stellt sich thatsächlich doch überall und immer heraus, dass man mit Maassregeln, welche die Typhusfrequenz verringern, auch die Cholerafrequenz ganz auffallend verringern kann, wovon die Stadt Danzig ein sprechendes Beispiel ist, wo seit 1872 nicht nur die Typhusfrequenz in beständigem Sinken begriffen ist, sondern wo auch schon die Cholera in den Jahren 1873 und 1874 im Vergleich mit früher sehr schlechte Geschäfte machte, so dass Hirsch[1]) in seinem Berichte über die Cholera im Regierungsbezirke Danzig sagen konnte: »In der Stadt Danzig selbst hat die Cholera eine eigentliche epidemische Verbreitung nicht gefunden«. Früher hatte gerade die Stadt Danzig die schwersten Epidemien.

Auf der graphischen Darstellung der Typhusfrequenz in München S. 28 nun sieht man, namentlich, wenn man die punktirten Linien verfolgt, welche der Typhusfrequenz auf 100000 Einwohner in jedem der 32 Jahre berechnet entsprechen, wie die Frequenz von 1856 an periodenweise immer kleiner wird, bis sie 1881 bei einem noch nie dagewesenen Minimum anlangt.

Was ist nun seit 1856 in München geschehen, wovon diese gewaltige Abnahme in der einst so gefürchteten, kunstberühmten Typhusstadt abgeleitet werden könnte? Dass es das Trinkwasser nicht gewesen ist, habe ich bereits unwiderleglich nachgewiesen. Auch mit einer Aenderung der individuellen Disposition oder mit Durchseuchung ist nichts anzufangen, wie ich später noch nachweisen werde. Es bleibt für menschliches Denken nichts übrig, als einige Maassregeln, welche eine Reinigung und Reinhaltung des Stadtbodens von den Abfällen des menschlichen Haushaltes bezwecken.

Von 1856 bis 1860 mussten sämmtliche Abtrittgruben in der Stadt, welche früher wesentlich Versitzgruben waren, wasserdicht gemacht, d. h. cementirt werden[2]). Es wurde ein Polizeitechniker angestellt, bei dem alle Grubenräumungen angezeigt werden

---

1) Berichte der Choleracommission für das deutsche Reich Heft 6 S. 63.
2) Zum gegenwärtigen Stand der Cholerafrage S. 730.

mussten, damit er den Zustand derselben besichtigen und Mängel
beseitigen könne.   Schon damit wurde ein namhafter Theil der
Bodenverunreinigung Münchens beseitigt, denn bei dem Poren-
volum und der Durchlässigkeit des Münchner Bodens wirkten
diese Versitzgruben so prompt, dass sich manche Hausbesitzer
rühmten, sie hätten bisher so vortreffliche Gruben gehabt, dass
dieselben 20 und selbst 25 Jahre hintereinander keiner Räumung
bedurften, und dass sie sich bei der kgl. Polizeidirection bitter
beklagten, als die cementirten Gruben so oft voll wurden.

Man darf annehmen, dass diese Assanirung des Bodens, wenn
sie auch noch weit davon entfernt war, eine vollständige zu sein,
sich doch schon wesentlich an der Reduction der Typhusperiode
von 1861 bis 1867 gegenüber vorausgehenden Zeiten wirksam
erwies [1]).   Die Cementirung der Abtrittgruben wirkte ebenso, als
wenn München einen weniger durchlässigen Boden erhalten hätte.

Selbst eine plötzliche vollständige Reinhaltung eines verunreinigten Bodens könnte nicht plötzlich wirken, weil es stets Zeit
erfordert, bis die vorher erlangte Verunreinigung allmählich verschwindet, gleichwie ein gut gedüngtes Ackerfeld nicht gleich
unfruchtbar wird, wenn man auch zu düngen aufhört, sondern
erst nach und nach.

Plötzliche Wirkungen müssten aber bei Aenderungen in der
Wasserversorgung sich zeigen, wenn wirklich die Epidemien vom
Genusse des Wassers herrühren.

Im Jahre 1858 fing man in München bereits auch an, nach
den Plänen von Oberbaurath Zenetti gute Siele durch die
Ludwigs- und Maxvorstadt zu bauen, die bis 1878 eine Länge
von über 26 km erreichten.

Nun ruhte die Fortsetzung der Kanalisation einige Jahre,
während für Vollendung eines für alle Stadttheile berechneten
Sielnetzes von dem englischen Ingenieur Gordon Pläne aus-
gearbeitet wurden, nach welchen von 1881 bis 1887 wieder 48 km
gebaut wurden.

Schon von 1860 an suchte man alle Versitzgruben auch für
Haus- und Regenwasser möglichst zu beseitigen, und wo man

---

1) Siehe die graphische Darstellung unten S. 48.

noch in keine Siele einleiten konnte, unreines Wasser in˜oberflächlichen Rinnen nach dem Flusse oder in Stadtbäche zu bringen [1]).

Im Jahre 1878 gesellte sich zu den bisher genannten Assanirungswerken noch eines von grosser Bedeutung, der neue Schlacht- und Viehhof an der Thalkirchnerstrasse, nach den musterhaften Plänen von Arnold Zenetti gebaut. Das neue Schlachthaus wurde am 1. September 1878 dem Betriebe übergeben, und verschwanden damit mehr als 800 einzelne Schlachtstätten von Metzgern, Garköchen, Wurstlern und Wirthen mit einem Schlage aus der Stadt. Mit diesen einzelnen Schlachtstätten waren Dünger-, Abfall- und Versitzgruben unvermeidlich verbunden.

Man muss die Zustände und den Schmutz in den oft sehr kleinen Höfen und Hintergebäuden gesehen und die Luft darin gerochen haben, um schätzen zu können, welchen sanitären Werth die Errichtung des allgemeinen Schlachthauses in München haben musste. Es spricht sich das auch in dem rapiden Abfall der Typhusfrequenz vom Jahre 1879 bis in die Gegenwart aus. Die Typhusfrequenz war zwar schon im allgemeinen immer kleiner geworden, aber der Abfall von 1879 zu 1881 auf dem Diagramme S. 48 hat doch noch etwas so Ueberraschendes, dass jeder hygienische Sachverständige einen Einfluss des allgemeinen Schlachthauses gerne darin erblicken wird.

Soyka [2]) hat in einer sehr objectiven und eingehenden Weise die Wirkung der Kanalisation auf die Typhusfrequenz in München untersucht und ist zu folgendem Schlusse gelangt: »Bei dem Abdominaltyphus in München walten in Bezug auf die allgemein zu constatirende Abnahme dieser Krankheit so eigenthümliche, nach Ort und Zeit mit der Kanalisation in Zusammenhang

---

1) Siehe die Grube in Haidhausen. ›Zum gegenwärtigen Stand der Cholerafrage‹ S. 727. Der Leser möge auch die beiden Abbildungen dazu betrachten.

2) Untersuchungen zur Kanalisation. Von Dr. J. Soyka, Professor der Hygiene an der deutschen Universität zu Prag. Mit einem Vorworte von Max v. Pettenkofer. München und Leipzig bei R. Oldenbourg S. 46.

stehende Abstufungen vor, dass die Wahrscheinlichkeit einen
ausserordentlich hohen Grad erreicht und die zu Grunde liegenden
Beobachtungen fast den Werth eines Experimentes gewinnen.«

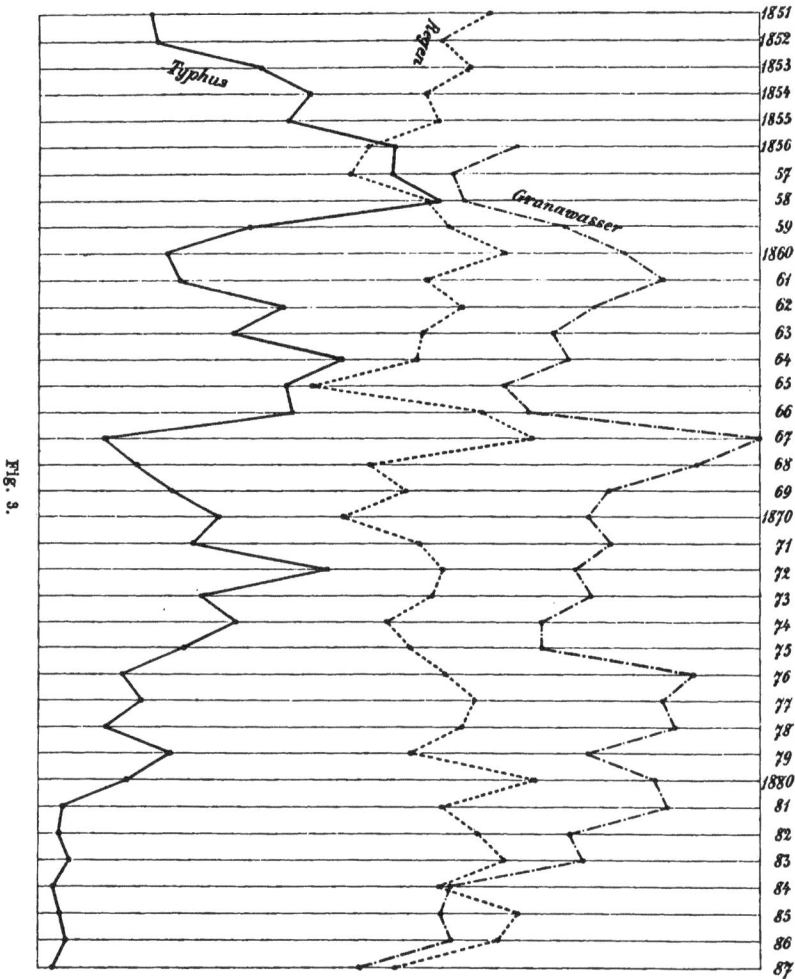

Fig. 3.

Ehe ich mit der Typhusbewegung in München schliesse, will
ich sie noch in dem hier stehenden Diagramm in einer Curve
darstellen, welche das verhältnismässige Steigen und Fallen in
den einzelnen Jahren und Perioden von 1851 bis 1887 in dem

Maasse gibt, in welchem Typhustodesfälle auf 100 000 Einwohner
getroffen haben. Ueber der Typhuscurve befindet sich auf dem
Diagramme die Regencurve von München, welche mir Dr. Lang,
Direktor der meteorologischen Centralstation freundlichst mitge-
theilt hat, und über der Regencurve die Grundwassercurve, welche
ich meinen Aufzeichnungen entnommen habe. Die genauen
Zahlenangaben finden sich in der oben S. 24 mitgetheilten
Tabelle V.

Ich habe für die einzelnen Curven verschiedene Maassstäbe
gewählt, um die Excursionen jeder derselben ähnlich gross zu
machen, wodurch ihre gegenseitigen Beziehungen noch viel deutlicher als in dem Diagramme S. 28 hervortreten.

Die Grundwassermessungen begannen erst im Jahre 1856,
aber ich habe das Diagramm bis 1851 hinauf erstreckt, um die
ganze Typhusperiode von 1851 bis 1860 und ihre Analogien mit
den nachfolgenden Perioden sichtbar zu machen. Für die Zeit
von 1851 bis 1855 sind bereits die Regenmenge und die Zahl
der Typhustodesfälle genau beobachtet.

Im Ganzen sieht man, wie auch gar nicht anders erwartet
werden kann, einen unverkennbaren Parallelismus zwischen Regen
und Grundwasser, wenn auch in einzelnen Jahren ausnahmsweise
das Grundwasser steigt, obschon die Regenmenge sinkt, und
umgekehrt, so dass man diesen Parallelismus zwischen Grundwasser und Regen auch für die 5 Jahre annehmen darf, in welchen
der Grundwasserstand noch nicht beobachtet wurde, dass mithin
der Grundwasserstand 1851 ein hoher gewesen und bis 1855 gesunken sein muss.

Der Regen- und der Grundwassercurve ganz entgegengesetzt
bewegt sich die Typhuscurve, wie Buhl und Seidel in ihren
Arbeiten, welche nicht die ganzen Jahre, sondern die einzelnen
Monate jedes Jahres zur Grundlage haben, noch viel ausnahms-
loser gefunden haben. Aber auch die Curven nach ganzen Jahren
zeigen besonders in den beiden ersten Perioden von 1851 bis
1860, und 1861 bis 1867, wo München noch viel Typhusboden
war, das Buhl-Seidel'sche Gesetz in einem geradezu auffallenden
Grade, wenn man die Grundwassercurve mit der Typhuscurve

vergleicht. Der umgekehrte Gang zwischen diesen beiden Curven
ist viel vollständiger, als der parallele Gang zwischen Regen
und Grundwasser, was ganz dem entspricht, was Seidel schon
in seiner Arbeit: »Vergleichung der Schwankungen der Regenmengen mit den Schwankungen in der Häufigkeit des Typhus
in München« [1]) vor 20 Jahren ausdrückte, wenn er abzählte, wie
oft monatlich mit mehr als mittleren Niederschlägen auch ein
über das Mittel erhöhter, und mit verminderten Niederschlägen
ebenso ein vertiefter Stand des Grundwassers gleichzeitig ange-
troffen wird. In dem beträchtlichen Vorherrschen des Zusammen-
fallens von hohem Regen und hohem Grundwasserstande und
umgekehrt spricht sich der Zusammenhang aus, welcher zwischen
der Menge der Niederschläge und der Höhe des Wassers im
Boden selbst besteht. Die Verbindung zwischen diesen beiden
wahrzunehmen, kann nicht überraschen: aber merkwürdig ist,
dass die Beziehung, in welcher Grundwasserstand und Regenmenge, jedes für sich, mit der Häufigkeit des Typhus steht, in
den Zahlen sogar noch mit grösserer Bestimmtheit ausgesprochen
ist, als die nicht zu bezweifelnde Verbindung von Regen- und
Grundwasserstand unter˙ sich. Was also Niemand bezweifelt, der
Zusammenhang des Grundwasserstandes mit der Regenmenge,
spricht sich in den Zahlen nicht einmal so deutlich aus, wie der
Zusammenhang der Typhusfrequenz mit dem Grundwasserstande.
Seidel meinte daher schon damals, es sei kein vernünftiger
Grund vorhanden, den letztern Zusammenhang noch länger zu
bezweifeln.

In der dritten Periode (1868 bis 1876) und namentlich in
der vierten (1877 bis 1887) tritt entsprechend der Abnahme der
Typhusfrequenz im allgemeinen die Coincidenz schon viel weniger
schlagend hervor, und ist in den letzten Jahren ganz verschwunden. Dass jedes einzelne Jahr bei steigendem Grundwasserstand weniger und umgekehrt mehr Typhus zeigen sollte,
ist gar nicht zu erwarten, da sich das Jahr aus 365 Tagen zu-
sammensetzt. Es können zwei Jahre gleiche Regenmenge und

---

1) Zeitschrift für Biologie Bd. 2 S. 173.

gleichen Grundwasserstand haben und bezüglich der Bodenfeuchtigkeit doch sehr verschieden sein, je nach der zeitlichen
Vertheilung der Niederschläge und nach den vorausgegangenen
Grundwasserständen. Es macht einen grossen Unterschied, ob
100 mm Niederschlag mehr oder weniger im Winter oder im
Hochsommer, bei geringem oder bei grossem Sättigungsdeficit
der Luft fallen. Ein solcher Fall ist z. B. das Jahr 1872, welches
die Spitze der dritten Typhusperiode bildet.

Die jährliche Regenmenge von 1872 ist grösser als die des
vorausgehenden Jahres 1871, und doch fällt das Grundwasser
und steigt in einem noch viel höheren Grade die Typhusfrequenz.

Wenn man aber die Regenverhältnisse nach Lang's Mittheilungen [1]) näher verfolgt, so erklärt sich der Mangel an der
erwarteten Congruenz sehr einfach. Schon das Jahr 1870 war
ein regenarmes, hatte aber trotzdem einen steigenden Grundwasserstand. Das Jahr 1871 hatte von Januar bis Juli eine
weit über dem Mittel stehende Regenmenge, hingegen vom August
bis December 100 mm unter dem Mittel. Daran schliesst sich
nun unmittelbar der sehr trockene Anfang des Jahres 1872, in
welchem bis April die Niederschläge wieder 46 mm unter dem
Mittel bleiben; erst im Mai kommen kräftige Niederschläge,
145 mm, was 53 mm über dem Monatsmittel war, und zeigen sich
auch noch die Monate Juni, August, November und December
des Jahres 1872 über dem Mittel.

Die Typhusepidemie von 1872 begann aber bereits Ende des
Jahres 1871 und setzte sich den ganzen Winter über fort, fiel
also wieder in eine verhältnismässig bodentrockene Zeit.

Buhl und Seidel haben daher bei ihren Untersuchungen
ganz mit Recht sich nicht an die jährlichen, sondern an die
monatlichen Zahlen für Typhus, Grundwasser und Regen gehalten. Für die Richtigkeit des von diesen Forschern aufge-
stellten Gesetzes spricht aber sehr, dass eine so grosse Coincidenz
sich noch ergibt, selbst wenn man nur, wie ich es gethan habe,
die Zahlen des ganzen Jahres nimmt.

---

1) Beobachtungen der meteorologischen Stationen im Königreiche Bayern.
Jahrgang IV Heft 4 S. 194.

Auch die Spitze der vierten, schwächsten Typhusperiode im
Jahre 1879 fällt noch mit einer wesentlichen Grundwassersenkung
zusammen. Aber von nun an geht wenig mehr zusammen, und
· zwar aus zwei Gründen. Erstens hat der Münchner Boden infolge sanitärer Verbesserungen nach und nach immer mehr und
mehr aufgehört, ein Typhusboden zu sein. Zu einem Typhusboden gehört nicht bloss ein gewisser Wassergehalt, sondern auch
ein gewisser Grad von Verunreinigung des Bodens. Wenn der
Boden rein oder reiner geworden ist, kann sich der Wassergehalt
beliebig ändern, ohne eine entsprechende Aenderung in der
Typhusfrequenz zu bewirken; — und dann sind seit 1882 auch
die Brunnen, an welchen bisher der Grundwasserstand beobachtet
wurde, keine richtigen Anzeiger mehr für den Wechsel in der
Durchfeuchtung der Oberfläche, weil von dieser Zeit an ihr
Wasserstand auch noch durch etwas anderes, als durch die atmosphärischen Niederschläge regulirt wird.

Durch die neueren Canalisationsarbeiten ist die Flins-
wand, eine Schichte von tertiärem Mergel, welche unter der
kiesigen Oberfläche liegt und den undurchlässigen Grund für
das Grundwasser der höheren Terrassen von München gegen den
Fluss, die Isar, hin bildet, an mehreren Stellen (Petersplatz,
Marienplatz, Odeonsplatz, Kaulbachstrasse, Ludwigs- und Königin-
strasse) durchbrochen worden, und läuft jetzt viel mehr Grundwasser
unterirdisch in die Isar. Seitdem erniedrigt sich der Grundwasserstand der oberen Stadttheile, und mussten nicht nur Brunnen,
wie der im hygienischen Institute, sondern auch auf dem noch
höher gelegenen Marsfelde und auf dem Kugelfange bei Ober-
wiesenfeld, welche bisher immer Wasser gegeben hatten, tiefer
gegraben werden. Erst wenn das grosse Grundwasserbecken bis
zu dem Niveau dieser Durchstechungen ausgelaufen ist, wird der
Wasserspiegel in diesen Brunnen wieder ein richtiger Index für
den Wechsel der Durchfeuchtung der über dem Grundwasser
liegenden Bodenschichten werden [1]).

---

1) Zum gegenwärtigen Stand der Cholerafrage S. 577 etc.

Dass sich jetzt die Typhusfrequenz in München nicht mehr in solchen Zahlen wie von 1856 bis 1867 mit dem Grundwasser verkehrt auf und ab bewegt, hat schon manchen praktischen Arzt veranlasst zu denken, dass dadurch auch die ganze sog. Grundwassertheorie widerlegt oder wie von selbst erloschen sei. Diese Herren vergessen aber, dass der Typhusprocess nicht von einer einzigen Variante abhängt. Es gibt gar viele Orte, in welchen das Grundwasser ebenso wie in München, und noch mehr auf- und abschwankt, ohne dass sie eine Typhusfrequenz, wie früher München, haben, aber diese Orte haben dann auch einen anderen oder einen reineren Boden. Seit der Münchner Boden reiner geworden ist, bedeutet das Steigen und Fallen des Grundwassers für die Typhusfrequenz nur wenig oder gar nichts mehr.

Das Grundwasser an und für sich ist ja, wie ich schon so oft hervorgehoben habe, das unschuldigste Ding, selbst wenn es getrunken wird. Sein Schwanken ist unter Umständen nur ein guter Index für Vorgänge in über ihm liegenden verunreinigten, und den Typhuskeim enthaltenden Bodenschichten.

Dass aber zur Zeit, als München noch ein fruchtbarer Typhusboden war, die Typhusfrequenz sich mehr nach der Bewegung des Grundwassers, als selbst das Grundwasser nach der Regenmenge, von welcher es doch schliesslich allein abhängig ist, gerichtet habe, darüber hat sich Seidel[1]) schon vor langer Zeit sehr klar ausgesprochen, als er sagte:

»Bedenkt man, dass zwei ganz selbständige Untersuchungen, nämlich wegen des Grundwasserstandes und wegen der Regenmenge, sich dahin vereinigen, die günstige Wirkung vermehrter Wassermengen erkennen zu lassen, und dass namentlich die letztere Untersuchung mehrfache, unter sich unabhängige Abzählungen enthält, die alle in gleichem Sinne sprechen, — so dass also der Zufall das, was schon in Einem Falle höchst unwahrscheinlich war, hier immer wieder in völlig analoger Weise herbeigeführt haben müsste, so wird man sogar gezwungen zu

---

1) Zeitschrift für Biologie Bd. 2 S. 175. Siehe auch ärztliches Intelligenzblatt. München 1872 S. 227.

der Annahme, dass irgend ein physikalischer Zusammenhang
zwischen den betrachteten Vorgängen besteht, obgleich die nähere
Natur desselben für jetzt noch nicht erkannt ist«.

Ein weiterer Satz von Seidel lautet: »Wollte man sich die
beiden Vorgänge nicht einen vom andern, sondern gemeinschaft-
lich von einem dritten Unbekannten abhängig denken, so müsste
im vorliegenden Falle von der supponirten Unbekannten zugleich
der Stand des Grundwassers, die Quantität der meteorischen
Niederschläge und die Frequenz der Typhuserkrankungen in
München regiert und in eine gewisse Uebereinstimmung gebracht
werden; und da diese Unbekannte der Einfluss der Jahreszeiten
nicht sein kann, weil dieser in allen Zahlenreihen eliminirt worden
ist, so kann keine andere plausible Erklärung aufgestellt werden,
als die Annahme, dass unter den Münchener Lokalverhältnissen
das im Boden enthaltene Wasser, wenn es reichlich genug vorhanden ist, den Ablauf gewisser Processe, welche für die Häufigkeit der Typhuserkrankungen maassgebend sind, verhindere oder
einschränke.«

Seidel hat bekanntlich im Jahre 1865 die monatlichen
Typhuszahlen und die Grundwasserstände von München, welche
Buhl von 8 Jahren (1857 bis 1864) dargestellt hatte, der Wahr-
scheinlichkeitsrechnung unterworfen und gefunden, dass man
36 000 gegen 1 wetten könne, dass zwischen beiden Vorgängen
ein physikalischer Zusammenhang bestehe; — aber diese Rechnung machte damals auf die Wenigsten einen Eindruck. Als
im Jahre 1872 im ärztlichen Verein zu München Discussionen über
die damals eben herrschende Typhusepidemie bevorstanden, er-
suchte ich meinen Freund, die gleiche Rechnung auch auf die
nach 1864 folgende Zeit bis 1872 auszudehnen, während welcher
Zeit augenscheinlich Typhus- und Grundwasserbewegung im ganz
gleichen gegenseitigen Verhältnisse geblieben waren, mithin über
16 Jahre, weil dadurch die Wahrscheinlichkeit sich wahrscheinlich
wohl über 1 Million berechnen würde. Seidel lächelte und meinte,
auf wen eine Wahrscheinlichkeit von 36 000 gegen 1 noch keinen
Eindruck mache, auf den würde auch 1 Million keinen machen.

Was eine Wahrscheinlichkeit von 36 000 gegen 1 zu bedeuten habe, machte er mir in folgendem Beispiele klar:

Eine Person wird als unparteiischer Obmann gewählt, um
unter zwei anderen Personen A. und B. wiederholt je zwei Gegenstände oder Stücke zu vertheilen, welche aber stets ungleichen
Werth besitzen. Der Obmann verpflichtet sich feierlich, dass er
die Theilung in jedem einzelnen Falle ganz aufs Gerathewohl
hin vornehmen werde, ohne im geringsten auf den Werth dessen
zu achten, was er in die Hand nimmt und jedem gibt.

Das erste Mal gibt er der Person A. das bessere Stück. Niemand findet daran etwas auszusetzen, da er ja nicht jedem das
werthvollere Stück geben, da er ja wirklich nicht gleich theilen
kann.

Im zweiten Falle bekommt der A. wieder das bessere Stück.
Da der Obmann dies selbstverständlich für einen blossen Zufall
erklärt, so schenkt man ihm auch allgemein Glauben.

Das dritte Mal geht es ebenso. Die Vorsichtigen halten ihr
Urtheil noch zurück.

Das vierte Mal wieder wie vorher. Die Unparteilichkeit des
Obmanns fängt an, verdächtig zu werden.

Das fünfte Mal wie vorher. Der Verdacht nimmt zu: einige
der Zuschauer prophezeien bereits, es würde die nächstfolgenden
Male auch nicht anders gehen und denken, dass schon bisher
nicht bloss der Zufall den A. begünstigt habe, und dass der Obmann, den sie nun beargwöhnen, fortfahren werde, parteiisch zu
theilen.

Nachdem es noch das sechste, siebente, achte, neunte und
zehnte Mal wirklich gerade so gegangen ist, wird kein Vernünftiger mehr an das Spiel blossen Zufalls glauben; denn obgleich das, was geschehen ist, in Folge blossen Zufalls sich so
begeben könnte, so erkennt doch jeder Nachdenkende und Er-
fahrene, dass diese Erklärung eine höchst unwahrscheinliche wäre
gegenüber der anderen, dass die Sache aus guten Gründen so
und nicht anders gekommen ist.

Wollte nach weiter wiederholten Wahrnehmungen derselben
Art jemand immer noch der Behauptung des Obmanns Glauben

schenken, dass dieser ganz unparteiisch zu Werke gehe, so würde man diesen Glaubensseligen, obwohl seine Annahme nichts geradezu Unmögliches enthält, doch für einen grossen Thoren halten, der blind auf vorgefasste Meinungen vertraut und durch keine Erfahrung zu belehren ist.

Wenn nun bei der Theilung sechszehn Mal hintereinander der A. gegen den B. begünstigt worden ist, dann ist die Annahme dieses leichtgläubigen Thoren, der Zufall habe so gespielt, noch immer nicht so arg und so völlig unwahrscheinlich, als die Annahme derjenigen, welche da glauben, der blosse Zufall habe in dem Gauge des Grundwassers und der Typhusfrequenz die Uebereinstimmung, welche Buhl acht Jahre hindurch nachgewiesen, ohne causalen Nexus herbeigeführt; denn in dem Falle von Buhl ist die Wahrscheinlichkeit für einen causalen Nexus 36 000 zu 1 sogar noch höher, als in dem Beispiele vom Obmann, wo man nicht ganz 36 000, sondern, nach dem Ergebnisse der Rechnung, nur 32 768 gegen 1 wetten kann, dass so etwas nicht bloss zufällig vorkommt.

Ich habe dieses höchst populäre Beispiel von Seidel bei der Discussion anno 1872 im ärztlichen Vereine München vorgebracht, es hat bei einigen auch Beifall gefunden, aber die Herren Wolfsteiner und Genossen sind trotzdem bezüglich des Abdominaltyphus und der Cholera Contagionisten und Trinkwassertheoretiker geblieben, und Wolfsteiner wird wegen seiner Gesinnungstüchtigkeit auch heutzutage noch belobt[1]).

Auch die deutsche Choleracommission hat sich in Aegypten und in Indien auf den gleichen epidemiologischen Standpunkt wie Wolfsteiner gestellt, und kann ich ihr nach meiner Ueberzeugung daher ebenso wenig, wie Herrn Wolfsteiner beistimmen.

Die Commission sagt vielleicht, ich spreche von Abdominaltyphus, während sie sich mit Cholera befasse, aber der bei uns endemische Typhus zeigt in seiner Abhängigkeit von Ort und Zeit die grösste Aehnlichkeit mit dem Verhalten der in Indien

---

1) Deutsche medicinische Wochenschrift 1887 September S. 818 und Deutsche Vierteljahrsschrift für öffentl. Gesundheitspflege 1888 S. 112.

endemischen Cholera, wie ich noch weiter zeigen werde, so dass ich mich in vollem Rechte glaube, hier zuerst von dem Ab-dominaltyphus in München gesprochen zu haben, und erst jetzt von der Cholera in Calcutta zu sprechen.

Ich beginne zuerst mit Besprechung des kleineren, ein-facheren Objectes, mit dem Fort William[1]). Diese Festung, wegen ihrer Cholerafrequenz früher ein Schrecken aller Truppen, ist seit 1863 ein verhältnismässig cholerafreier Ort geworden, und soll es anfangs lediglich durch Einführung einer verbesserten Wasserversorgung aus Teichen (tanks) im Jahre 1865 und schliess-lich durch Einführung der städtischen Wasserleitung im Jahre 1872 geworden sein. Gegen diese Behauptung der englischen Trinkwassertheoretiker, denen auch die deutsche Commission sich anschliesst, haben sich sehr gewichtige Stimmen erhoben, die des mit den indischen Verhältnissen sehr vertrauten Generalarztes Dr. Marston und namentlich die des Generalarztes Dr. Mouat[2]), welcher seinerzeit Mitglied der Assanirungskommission für das Fort William war. Auch ich habe diesen höchst interessanten Fall schon bei der II. Cholerakonferenz in Berlin[3]), sowie auch in meinen Untersuchungen »Zum gegenwärtigen Stand der Cholera-frage[4])« eingehend besprochen. Die Commission vermag keine einzige von Marston, Mouat oder mir angeführte Thatsache, und keine daraus gezogene Schlussfolgerung zu entkräften, son-dern wendet nur das bequemere Mittel des Ignorirens darauf an. Aber Thatsachen und Wahrheiten können ebenso wenig durch Stillschweigen als durch Reden aus der Welt geschafft werden.

Im Fort William starben 1858 von der Besatzung 71 pro mille an Cholera. Auch das vorhergehende Jahr war kein gutes, wie auch früher schon, z. B. im Jahre 1842, 61 pro mille ge-storben waren. Ebenso waren aber früher auch schon sehr gün-stige Zeiten da, und starben z. B. im Jahre 1847 nur 3, im Jahre 1849 nur 4 pro mille.

---

1) Commissionsbericht S. 220. Vgl. damit »Zum gegenwärtigen Stand der Cholerafrage« S. 718—722.

2) The Lancet 1885 S. 128.

3) a. a. O. S. 52.

4) a. a. O. S. 718.

In dem schlimmen Jahre 1858 ernannte nun die Regierung im Juli unmittelbar nach diesem Cholerasturme eine Commission zur Assanirung der Festung. Die Hauptcholerazeit in Calcutta sind bekanntlich die Monate März und April und das Minimum fällt in den Juli und August. Schon im September erstattete die Commission ihren Bericht an die Regierung, und schon im nächsten Jahre, ohne dass bis dahin viel geschehen konnte, sank die Cholera wieder auf 6 pro Mille, genau so, wie es Babes noch viel öfter und schlagender bei den Epidemien von 1886 in Ungarn gefunden hat, wo die Cholera überall schon in dem Augenblicke zurückging, sobald nur ein Commissär erschienen war, mit alleiniger Ausnahme von Budapest, wo die Stadt zu gross oder die Commission zu klein gewesen zu sein scheint. Im Jahre 1860 erhob sich die Cholera im Fort William allerdings wieder auf 33 pro Mille, sank danach wieder auf 8, stieg nur noch einmal auf 14, um dann dauernd klein zu werden, ja in manchen Jahren ganz auszubleiben.

Und das hat nach Ansicht der Commission nur das Trinkwasser gemacht.

Wer aber den Bericht von Mouat gelesen und auch sonst noch einige Epidemien beobachtet hat, kann das unmöglich glauben. Und zu diesen Ungläubigen gehöre auch ich und habe daher in meinem Buche »Zum gegenwärtigen Stand der Cholerafrage« Seite 721 gesagt:

Ich für meinen Theil erblicke in dieser allmählichen Reduction der Choleramortalität im Fort William nichts anderes, als was ich auch in der Stadt München an der allmählichen Reduction der Typhusmortalität vom Jahre 1866 an gesehen habe, nachdem wir alle Abtrittgruben wasserdicht gemacht, zu kanalisiren begonnen, eine Unzahl Versitzgruben beseitigt und durch Errichtung des allgemeinen Schlachthauses etwa tausend kleine Schlachtstätten mit ihrem Unrath aus der Stadt entfernt hatten.

Dass an der Typhusreduction in München das Trinkwasser ganz unbetheiligt war, glaube ich jedem Vernünftigen verständlich gemacht zu haben. Dass das, was den Typhus in München von 224 pro 100 000 Einwohner allmählich auf 10 herabgebracht hat, auch auf die Cholerafrequenz wirken kann, wird kein Hygieniker von Fach bestreiten, und dass Alles, was in München o h n e

Trinkwasser gelungen ist, auch im Fort William geschah, ja sogar noch in einer vollständigeren Weise, nebst einer Verbesserung auch der Wasserversorgung, ist Thatsache[1]).

Das ganze Terrain (Maidan), auf welchem die Festung steht und zur Regenzeit in einen förmlichen Sumpf verwandelt wurde, wurde drainirt und nivellirt, Strauch- und Buschwerk gerodet, alle Latrinen und Waschräume erneuert und verbessert, alle Fäkalien täglich fortgeschafft, sonstiger Unrath der Festung auf eigens dafür hergestellten Schmutzbooten flussabwärts gefahren, der Festungsgraben gründlich gereinigt und gespült.

Alle diese Verbesserungen wurden sofort nach dem Vorschlage der Assanirungscommission in Angriff genommen, aber selbstverständlich nicht im ersten Jahre ganz vollendet, und wenn sie auch in einem Jahre vollendet worden wären, hätten sie nicht so plötzlich wirken können, weil ein Choleraboden, ein verunreinigter Boden, selbst bei der hohen Temperatur und der hohen Regenmenge von Calcutta nicht plötzlich rein werden kann. Die 33 pro Mille Choleratodesfälle im Jahre 1860, bald nach Beginn der Assanirungswerke, können daher nicht überraschen, aber später sinkt die Cholerafrequenz mit gewissen Schwankungen gerade so zu einem Minimum herab, wie die Typhusfrequenz in München, und macht sich dieses Sinken schon viel früher sehr bemerklich, ehe 1865 die verbesserte Wasserversorgung ins Leben trat, und ehe das Fort 1871 an die städtische Wasserleitung angeschlossen wurde.

Ich halte eine gute Wasserversorgung für alle Fälle, und nicht bloss für Cholera- und Typhusorte, oder zu Cholera- und Typhuszeiten, sondern überall und jederzeit für eine absolute hygienische Nothwendigkeit, und habe das auch in München bewiesen, wo ich neben den kgl. Brunnhäusern und neben dem Pettenkofer Brunnhaus auch die Hochquellenleitung für unerlässlich hielt, aber ich bin der vollen Ueberzeugung, dass im Fort William die Cholerafrequenz ebenso wesentlich zurückgegangen wäre, wenn man nur die auf Assanirung des Bodens gerichteten

1) Archiv f. Hygiene Bd. 3 S. 151.

Maassregeln durchgeführt und die alte Wasserversorgung, soweit es Trinkwasser betrifft, unverändert gelassen hätte, gleichwie in München die Typhusfrequenz zurückgegangen ist, trotz der unveränderten Fortdauer des Wassergenusses aus den alten königlichen Brunnhäusern.

Dass diese Assanirungsmaassregeln auf die Cholera ebenso kräftig, wie auf den Abdominaltyphus auch ohne jede Aenderung im Wasserbezuge wirken, davon habe ich neben dem Fort William bei Calcutta die Grube in Haidhausen bei München als ein Beispiel angeführt[1]), dessen Studium ich allen Trinkwassertheoretikern empfehle. Von den Bewohnern der Grube starben während der drei Choleraepidemien, welche München bisher gehabt hat, im Jahre 1836 82,2, im Jahre 1854 123,7 und im Jahre 1873 nur mehr 5,9 pro Mille und auch diese sogar sämmtlich nur in einem einzigen Hause, und auch in diesem wieder nur in einer einzigen Familie, so dass der Infectionsstoff für diese Familie wahrscheinlich aus einem ausserhalb der Grube gelegenen Infectionsherde stammte. Und in diesem Stadttheile war zwischen 1854 und 1873 nichts geschehen, als was auch im Fort William zwischen 1858 und 1865 geschah, mit dem einzigen Unterschiede, dass an der Wasserversorgung der Grube nicht das Geringste geändert wurde, wo die Einwohner auch heutzutage noch aus den nämlichen gegrabenen Pumpbrunnen trinken, aus welchen sie auch schon in den Jahren 1836 und 1854 ihr Wasser schöpften.

Genau so wie mit dem Fort William verhält es sich auch mit der ganzen Stadt Calcutta und dem Sinken der Cholerafrequenz in derselben[2]). Auch in dieser Stadt hatte die Kanalisation für Zwecke der Strassen- und Hausentwässerung schon im Jahre 1866 begonnen, welches ein sehr schlimmes Cholerajahr mit 6826 Todesfällen war, und wurde mit Einführung der Wasserleitung Ende des Jahres 1869 (am 1. November) begonnen. »Bis Ende 1870 waren 1164 Häuser an die Leitung angeschlossen; 1872 waren es 5874, 1875 8970, 1877 10471 Häuser[3]).«

---

1) Zum gegenwärtigen Stand der Cholerafrage. S. 722.
2) Commissionsbericht S. 211 u. 218.
3) Commissionsbericht S. 201.

»Was die Beschaffenheit des Leitungswassers betrifft, so sind von Herrn A. Pedler während eines Zeitraumes von vier Jahren allmonatlich wiederholte chemische Untersuchungen des Wassers ausgeführt. Pedler erachtet das Wasser für reiner, als das Londoner Themse-Leitungswasser und als das Leitungswasser von Edinburgh, Liverpool und Dublin.«

Die Commission nimmt nun an, dass an der von 1869 an beginnenden Abnahme der Cholerafrequenz die vorausgegangene Kanalisation keinen Antheil habe, sondern dass das ganze Verdienst dem filtrirten Gangeswasser zufalle, womit aber der jährliche Zuwachs der damit versorgten Häuser und die jährliche Cholerafrequenz nicht stimmt.

Stellt man diesen Vergleich an, so muss man nach contagionistischer und trinkwassertheoretischer Logik schliessen, dass mit dem wachsenden Anschluss der Häuser an die Wasserleitung auch die Cholerafrequenz wieder gewachsen sei, nachdem sie aus anderen Ursachen bis 1871 gesunken war, bis sie schliesslich 1884 sogar wieder auf 2272 stieg. Im Jahre 1871, wo nur etwas über 2000 Häuser an die Wasserleitung angeschlossen waren, starben 796 Personen an Cholera, im Jahre 1876, als 10000 angeschlossen waren, 1851, mehr als die doppelte Zahl.

Cholerafrequenz.

1869	1870	1871	1872	1873	1874	1875	1876
3588	1558	796	1102	1105	1245	1674	1851

Wenn man die Cholerabewegung in Calcutta von 1870 bis 1884 auf dem Diagramme des Commissionsberichtes[1]) betrachtet, so gewahrt man ebenso, wie bei der Typhusbewegung in München ein periodenweises Auf- und Absteigen.

Die erste Periode beginnt mit dem Minimum des Jahres 1871 und erreicht ihr Maximum im Jahre 1876, die zweite Periode beginnt mit dem Minimum im Jahre 1880 und steigt bis 1884, um dann wieder zu sinken; im Jahre 1885 starben nur 1603[2]).

---

1) a. a. O. S. 218.
2) Twenty second Report of the Sanitary Commissioner with the Government of India p. 159.

Dass diese Choleraperioden in Calcutta nicht vom Trinkwasser oder von der Gegenwart Cholerakranker abhängen, sieht
man sehr deutlich auf dem Diagramme der Commission S. 218,
auf welchem vom Jahre 1875 anfangend neben der Cholerabewegung in der Stadt auch die in den Vorstädten dargestellt
ist, welche sich weder der Kanalisation noch der Wasserleitung
erfreuen, und wo relativ durchschnittlich immer nochmal so viel
Cholerafälle als in der Stadt vorkommen. Die Cholerabewegung
in den Vorstädten harmonirt aber in ihrem Rythmus vollständig mit der in der Stadt; ein sicheres Zeichen, dass ihr
Wechsel von etwas ausserhalb dem Trinkwasser, der Kanalisation
und den Cholerakranken, von etwas örtlichem Ektogenem abhängen muss.

Gleichwie die Assanirung des Bodens allein sowohl in München
und namentlich in der Grube in Haidhausen ohne jede Betheiligung des Trinkwassers, sowie auch im Fort William schon vor
1865, vor der verbesserten Wasserversorgung gewirkt hat, so muss
wohl auch eine gewisse Wirkung von der 1866 begonnenen
Kanalisation Calcutta's auf die nächstfolgenden Jahre angenommen werden und kann der Löwenantheil an dem Sinken der
Cholerafrequenz der Stadt Calcutta keinesfalls, wie die Commission
thut, dem Trinkwasser zugesprochen werden, welches am Ende
des Jahres 1869 eingeführt wurde; ja, nach den Erfahrungen in
München, Danzig und Paris kann ich die Coincidenz des
Choleraminimums von 1871 in der Stadt Calcutta mit der 1869
eingeführten Wasserleitung nur für etwas ganz Zufälliges halten,
und ebenso wenig als Ursache des Sinkens der Cholerafrequenz
denken, gleich wie ich auch das Trinkwasser nicht als Ursache
des später wieder eintretenden Steigens der Krankheit anschul-
digen kann. Es gibt eben in Calcutta Choleraperioden, wie es in
München und anderen Orten Typhusperioden gibt, die nicht vom
Trinkwasser und auch nicht von der ständigen Gegenwart des
specifischen Krankheitskeimes abhängen. Ich habe mich darüber
schon eingehend »Zum gegenwärtigen Stande der Cholerafrage«
Seite 242 bis 249 in dem Abschnitte »Die Trinkwassertheorie«
ausgesprochen, wo ich sagte: »dass mit dem Wasser allein es

nicht gethan ist, beweist eben Calcutta in neuester Zeit auf das schlagendste«.

Wenn irgendwo sewerage and watersupply gleichzeitig ins Leben treten, wird es jedem oberflächlichen Betrachter näher liegen, die überall darauf folgende Reduction von Typhus oder Cholera lieber dem Trinkwasser, welches man sieht und schmeckt, als der Hausentwässerung zuzuschreiben, deren Mangel wohl, aber nicht deren Vorhandensein sinnlich wahrnehmbar ist.

Ferner ist zu bedenken, dass alle Maassregeln zur Verbesserung eines siechhaften Bodens nie ganz plötzlich und allgemein, sondern erst allmählich mehr und mehr wirken können, während eine Aenderung des Trinkwassers momentan wirken müsste. Wenn nun gar, wie in Calcutta, die Kanalisation und Hausentwässerung früher als die Wasserleitung ins Leben tritt, so fällt jede Garantie für die Trinkwassertheorie hinweg, wenn die Einführung des Wassers hintennach auch mit einem momentanen Minimum der Krankheit zusammenfällt[1]).

Für die Trinkwassertheorie bleibt unerklärlich, dass im Jahre 1871, wo in Calcutta etwa erst 2000 Häuser an die Wasserleitung angeschlossen waren, nur 796 Menschen an Cholera gestorben sein sollen, hingegen im Jahre 1876, wo bereits 10 000 Häuser dieses Schutzmittel hatten, wieder 1851 und im Jahre 1884 sogar wieder 2272. Im Jahre 1871, wo noch so wenige Häuser filtrirtes Gangeswasser, das ja viel besser als das Wasser von London, Liverpool, Edinburgh und Dublin ist, genossen haben, hätte ja die Cholera in Calcutta viel ärger hausen müssen, als im Jahre 1876, wo fünfmal mehr Häuser der Wohlthat theilhaftig waren.

Thatsache bleibt nur, dass die Wasserleitung in Calcutta am 1. November 1869 eröffnet wurde und dass im Jahre 1869 in Calcutta 3582 und im Jahre 1871 nur 796 Choleratodesfälle registrirt sind, aber blosse Hypothese ist und bleibt, dass diese Reduction vom Genusse des Trinkwassers herrührte, wie wir bei Besprechung der prophylaktischen Maassregeln noch deutlicher sehen werden. Und gegen die Richtigkeit dieser Hypothese spricht

---

1) Zum gegenwärtigen Stand der Cholerafrage. S. 380.

nicht nur der weitere Verlauf der Cholera in Calcutta, sondern auch das Verhalten so verwandter Volkskrankheiten, wie es der Abdominaltyphus bei uns in München, Berlin, Danzig und Paris zeigt, wo es geradezu unzulässig ist, auch nur zu vermuthen, dass eine Aenderung in der Wasserversorgung daran betheiligt sei.

Dass so grosse Unterschiede in der Cholerafrequenz, wie sie in Calcutta seit 1870 beobachtet worden sind, für diese Stadt mit ihrer Trinkwasserversorgung durchaus nichts Eigenthümliches sind, sondern dass zur nämlichen Zeit auch in viel weiteren Kreisen solche Unterschiede sich bemerkbar machten, hat die Commission, ohne es zu wollen, selber bewiesen. Wenn man das Diagramm auf Seite 211, auf welchem die Commission die jährliche Cholerafrequenz von Calcutta darstellt, mit Tafel 25 vergleicht, welcher die Zahlen der Choleratodesfälle in der ganzen Provinz Bengalen nach Monaten zu Grunde liegen, so gewahrt man eine ganz merkwürdige Analogie zwischen dem Weichbilde der Stadt Calcutta, in welcher 400 000 Menschen wohnen, und der ganzen Provinz Bengalen, wo mehr als 30 Millionen leben. Die Jahre 1871 bis 1874 zeigen in der ganzen Provinz sehr kleine Zahlen und 1876/77 wieder ein Maximum, wie in Calcutta. Ebenso harmonirt das zweite Choleraminimum Calcutta's im Jahre 1880 wieder mit einem Choleraminimum in ganz Bengalen. Die Trinkwassertheoretiker werden nicht sagen wollen, ganz Niederbengalen habe Vortheil davon, wenn nur ein einziges Prozent seiner Bevölkerung filtrirtes Hooghlywasser in Calcutta trinkt, oder das Trinkwasser von Calcutta komme der ganzen Provinz zu Gute, man trinke gleichsam in Calcutta auf die Gesundheit der ganzen Provinz.

Bei diesem Sachverhalte in Calcutta, dem endemischen Hauptsitze der asiatischen oder indischen Cholera ist es selbstverständlich, dass auch die »Bemerkungen über den Einfluss der Wasserversorgung auf die Cholera in Pondichéry, Madras, Nagpur und Guntur« [1]) auch nicht den geringsten Eindruck auf mich zu machen vermögen. Diese Bemerkungen beruhen wesentlich auf

---

[1]) Commissionsbericht S. 225.

einem Berichte des Sanitary Commissioner for Madras Dr. Furnell, welcher ein ebenso begeisterter Trinkwassertheoretiker ist, wie de Renzy und die Commission. Alle diese genannten Orte liegen ausserhalb des endemischen Choleragebietes, wo die sonderbarsten Launen des Keimes der Krankheit bezüglich Ort und Zeit sich geltend machen, die ganz unerklärlich sind, sobald man nur auf die Ankunft oder Gegenwart einzelner Cholerakranker oder auf das Trinkwasser sieht. Um solche Launen zu sehen, brauche ich aber nicht nach Pondichéry zu blicken, solche sehe ich schon, wenn ich das Vorkommen der Cholera in Bayern, ja nur in München und Augsburg betrachte. München hatte bisher drei Epidemien, 1836, 1854 und 1873, Augsburg nur eine im Jahre 1854, aber eine heftigere, als damals München. In Augsburg kamen sowohl im Jahre 1836 als auch im Jahre 1873 eingeschleppte und sporadische Fälle vor, aber es entwickelte sich doch keine Epidemie. Mit dem Trinkwasser ist in Augsburg und München nichts zu machen; die Contagionisten werfen sich daher behufs Erklärung pro 1873 auf Isolirung und Desinfection; aber man isolirte und desinficirte in Augsburg nicht anders, als auch in München geschah [1]. Und selbst wenn man in Augsburg 1873 anders und besser isolirt und desinficirt hätte, als in München, so bliebe das epidemische Auftreten im Jahre 1836 in München und die Immunität von Augsburg doch unerklärt, weil damals in beiden Städten weder isolirt noch desinficirt wurde und damals die Ursache weder im Boden, noch im Trinkwasser, noch in den Cholerakranken, sondern officiell lediglich im unsichtbaren genius epidemicus gesucht wurde [2], und nur darin gesucht werden durfte.

Dass die Cholera 1866 München so auffallend verschonte, während die Krankheit in Norddeutschland und anderen Ländern Europa's wüthete, dafür könnten die Trinkwassertheoretiker allerdings einen ihrer beliebten Gründe anführen. Im Jahre 1866 trat in München das Pettenkofer Brunnhaus ins Leben, wonach auch der Typhus im darauffolgenden Jahre 1867 auf ein noch nie dagewesenes Minimum sank. Aber das passt nicht, nicht

---

1) Zum gegenwärtigen Stand der Cholerafrage. S. 436.
2) Zum gegenwärtigen Stand der Cholerafrage. S. 712.

nur weil sich darnach der Typhus doch wieder erhob und im
Jahre 1872 sogar wieder einen hohen Gipfel erreichte, sondern auch,
weil im Juli 1873 auch die Cholera wieder erschien und bis zum
April 1874 dauerte, obschon man die Leitungen aus dem genannten Brunnhause nicht verstopfte, und sein Wasser sich
nicht verändert hatte, und obschon auch die anderen Brunnhäuser, königliche und magistratische, ihr Wasser ungehindert
fortergossen.

Cuddalore und Pondichéry sind für mich München und
Augsburg.

Noch viel weniger Glück als in Pondichéry kann die Trinkwassertheorie in Madras machen[1]), wo die Wasserleitung im
Jahre 1872 eröffnet wurde und nur fünf Todesfälle an Cholera
vorkamen. Allerdings waren schon vier Jahre vorher, im Jahre
1868 auch nur 13 Fälle vorgekommen, ja die Cholera fand sich
schon seit längerer Zeit in entschiedener Abnahme in Madras
und sind z. B. von 1855 bis 1863 jährlich durchschnittlich noch
1985, aber von 1864 bis 1871 nur noch 881, also nicht mehr die
Hälfte gestorben. Es scheint die Cholera schon früher und namentlich 1868 eine Ahnung davon gehabt zu haben, dass man
sie in einigen Jahren mit Trinkwasser aus dem Felde schlagen
werde und hat sich deshalb vorsichtig schon früher zurückge-
zogen. In den folgenden Jahren 1869, 1870 und 1871 scheint
sie wieder etwas mehr Muth bekommen zu haben, weil sie 568,
861 und 493 Opfer forderte, aber im Jahre des Heiles 1872, in
dem die Wasserleitung eingeführt wurde, sank sie plötzlich wieder
von 493 auf 5, 1873 kamen nur 6 Fälle vor, im Jahre 1874
kein einziger. Was will man noch mehr? Aber ebenso plötzlich
wird sie wieder sehr couragirt und steigt im Jahre 1875 gleich
wieder auf 879, 1876 auf 2035 und 1877 sogar auf 6246.

Jedoch das beunruhiget Dr. Furnell und die Commission
nicht im geringsten, denn »in den Jahren 1875 bis 1877 war
die Präsidentschaft Madras von Hungersnoth heimgesucht, und
strömten die hilfesuchenden Eingeborenen aus den benachbarten

---

[1] Commissionsbericht S. 237.

Distrikten haufenweise in die Stadt, meist allerdings nur, um hier zu sterben. Die Registrirung der Todesfälle entsprach diesen Ausnahmezuständen. Fast jeder Todesfall wurde als Cholerafall bezeichnet; das war einfach und ersparte Weiterungen. Unter solchen Umständen müssen jene Jahre ausser Betracht bleiben, wenn es sich um die Beurtheilung des Einflusses der Wasserversorgung handelt«.

Als ich diese Stelle des Berichtes, diese Entschuldigung der thatsächlich durchgefallenen Trinkwassertheorie gelesen hatte, musste ich innehalten und wiederholt lesen, um mich zu überzeugen, dass das Alles wirklich geschrieben und gedruckt werden konnte.

Was die günstigen drei Jahre für die Stadt Madras 1872 bis 1874 anlangt, bemerkt die Commission allerdings, dass damals überhaupt die ganze Präsidentschaft, deren Hauptstadt Madras ist, sehr wenig an Cholera gelitten habe, aber dass zur selben Zeit auch die Stadt so wenig gelitten hat, wird doch wieder als ein Beweis für die Trinkwassertheorie angeführt.

Als nun die drei schlimmen Jahre folgten, da sollen die 9000 Todten von auswärts gekommen sein. Um eine so grasse Behauptung aufzustellen, würde jeder Rechner es doch für unerlässlich halten, die Todten zu zählen, welche einerseits der Stadt Madras und anderseits dem Haufen aus den benachbarten Distrikten zugeströmter Eingeborner angehörten. Ehe diese Ausscheidung vorliegt, hat der ganze Spruch aber auch nicht den geringsten Werth.

Auch dass zu dieser Zeit die Registrirung der Todesfälle eine sehr schlechte, »diesen Ausnahmszuständen entsprechende« gewesen sei, und dass fast jeder Todesfall als Cholerafall bezeichnet worden wäre, »um Weiterungen zu ersparen«, ist eine ganz gedankenlose Phrase, die nichts beweist. Dr. Furnell scheint damals noch nicht Sanitary Commissioner for Madras gewesen zu sein, sonst würde ihn ein schwerer Vorwurf treffen, dass er solchen Unfug drei Jahre lang und in einem stets steigenden Grade gestattet hat. Und was die Weiterungen betrifft, so hätte es gewiss auch nicht mehr gemacht, wenn man irgend eine andere Todesursache, fever oder bowels complaint, dysentery and diarrhoea oder debility angegeben hätte. Wenn aber zu dieser Zeit den Medicinalbehörden in Madras Cholera das Glaubwürdigste war, so muss zu dieser Zeit überhaupt viel Cholera in der Stadt geherrscht haben; denn sonst hätte es ja im höchsten Grade auffallen müssen, wenn drei Jahre lang immer so viele Choleratodesfälle gemeldet werden, während in der Stadt keine oder nur auffallend wenige vorkommen.

Dass auch in Madras Cholerazeit und Hungersnoth zusammenfielen, hat einen sehr einfachen Grund, weil beide Erscheinungen vom Regen abhängen; der Cholerakeim wird davon ebenso beeinflusst, wie der auf Reisfeldern verstreute Reissamen. Schon Bryden[1]) hat darauf aufmerksam gemacht und auch ich[2]) habe schon vor vielen Jahren gesagt, dass die Hungerjahre sowohl im Pendschab als auch in Niederbengalen durch Mangel an Regen bedingt sind, dass aber die Hungerjahre im Pendschab stets cholerafreie, die in Niederbengalen in der Regel cholerareiche Jahre sind. Man sieht daraus sehr deutlich, dass die Hungersnoth und das damit verbundene menschliche Elend an und für sich nicht Ursache der Cholera sein kann, denn diese Folgen der Hungersnoth sind in Lahore keine geringeren als in Calcutta, aber in Lahore, der Hauptstadt des Pendschab, wo durchschnittlich im Jahre nur 482 Millimeter Regen fallen, ist gerade die trockene Zeit, wenn auch keine Hungersnoth herrscht, immer der Cholera am ungünstigsten, hingegen in Calcutta, wo 1600 Millimeter zur gleichen Zeit wie in Lahore fallen, ist gerade umgekehrt die nasseste Zeit die ungünstigste, wie ich in meinen Untersuchungen zum gegenwärtigen Stand der Cholerafrage[3]) hinreichend nachgewiesen zu haben glaube.

Da nun aber der Mangel an Regen im Pendschab den Grad der Trockenheit, der ohnehin schon für gewöhnlich der Cholera ungünstig ist, nur noch vermehrt, so bleiben dort die Epidemien gelegentlich einer Hungersnoth aus: da hingegen in Bengalen

---

1) Epidemic Cholera in Bengal Presidency. Calcutta 1869 p. 124.
2) Verbreitungsart der Cholera in Indien. Braunschweig 1871 S. 19.
3) a. a. O. S. 387 u. s. w.

Mangel an Regen den zu hohen der Cholera dort ungünstigen
Feuchtigkeitsgrad vermindert, und den der Cholera dort günstigen
Grad der relativen Trockenheit auch in die sonst nasse Zeit
hinüberträgt, kann sich in Niederbengalen die Cholera auch zur
Zeit einer Hungersnoth steigern.

Madras nun nähert sich mit seiner jährlichen Regenmenge
von 1214 Millimetern [1]) viel mehr Calcutta als Lahore, und
braucht man sich daher gar nicht zu verwundern, dass auch da
die Cholerazeit mit der Zeit des Misswachses oder der Hungersnoth zusammenfällt.

Ich hoffe, man wird es mir erlassen, mich auch noch über
die von der Commission viel kürzer behandelten Städte Nagpur
und Guntur auszusprechen, ebenso über das Auftreten der Cholera
auf den zur Beförderung indischer Kuli's dienenden Schiffen,
welche schon James Cuningham [2]) und ich[3]) als Stützen der
Trinkwassertheorie nicht anerkennen konnten.

Ich stimme ganz dem Satze James Cuningham's bei, dass
die ganze Geschichte der Cholera in Indien der
Trinkwassertheorie widerspricht, »the whole history of
Cholera in India negatives the drinking-water-theory«, und will
nun nur ganz kurz noch zeigen, dass in Aegypten das Nämliche
wie in Indien der Fall ist.

Wie die Cholera, ihr specifischer Keim für die Epidemie von
1883 nach Aegypten kam, weiss man nicht. Thatsache ist nur,
dass die Krankheit zuerst in Damiette ausbrach und der erste
Fall dort am 18. Juni 1883 an einer Person constatirt wurde,
welche Damiette zur kritischen Zeit nie verlassen hatte, jedoch
in einem Hause wohnte, wo sich auch eine am 14. Juni aus Port-
Said mit indischen Waaren (seidenen Tüchern, Parfüms etc.) gekommene Händlerin befand. Die Commission hätte beifügen
können, dass in Port Said der erste Cholerafall erst am 27. Juni
constatirt wurde, und dass in Port Said, einer Stadt von etwa

---

1) Zum gegenwärtigen Stand der Cholerafrage. S. 389.
2) Die Cholera: was der Staat zu ihrer Verhütung thun kann? Braunschweig 1885 S. 82.
3) Zum gegenwärtigen Stand der Cholerafrage. S. 253.

17000 Einwohnern, in diesem Jahre überhaupt nur 11 Cholerafälle beobachtet wurden, von welchen 8 tödtlich endeten[1]). In
dem Hause, wo die erste Erkrankte und die Händlerin aus Port
Said wohnten, kamen bald noch zwei Erkrankungen vor, und er-
krankte auch die Händlerin selbst, aber erst nachdem sie Damiette
wieder verlassen hatte, um nach Port Said zurückzukehren, so
dass sie also wahrscheinlich erst in Damiette inficirt worden ist.

Die Commission ist sogar geneigt, die Verschleppung des
Cholerakeimes direct von Bombay nach Port Said und von da
nach Damiette anzunehmen, und lässt nur unentschieden, ob der
Ersterkrankten in Damiette der Krankheitskeim durch Personen
aus Port Said mitgetheilt worden sei, oder durch Nilwasser. »Man
kann die letztere Möglichkeit nicht ohne weiteres von der Hand
weisen. Es ist denkbar, dass eine der zur Messezeit in Damiette
gesehenen Personen aus Indien oder ein eben aus Bombay zurück-
gekehrter englischer Heizer mit Choleradejection beschmutzte
Wäsche oberhalb des Hauses der Syrerin (der Ersterkrankten)
im Nil gewaschen hat. Auch kann eine jener Personen selbst
an leichter Cholera gelitten und durch ihre Dejectionen das Wasser
direct inficirt haben, beispielsweise von den am Nil gelegenen
Latrinen der erwähnten Moschee aus«.

Möglich ist fast Alles und Gedanken sind zollfrei, weshalb
ich darüber nichts sagen will: aber betonen möchte ich, dass
nicht die Spur eines Beweises von Infection durch Trinkwasser
in Damiette beigebracht werden konnte, sowie auch nicht für
directe Ansteckung durch Cholerakranke oder -Todte. Die Commission theilt sogar selbst mit[2]), dass, obschon oft Grabgewölbe
geöffnet werden mussten, in welchen kurz zuvor Choleraleichen
beigesetzt waren, trotzdem unter den Todtengräbern, deren Zahl
während der Epidemie von 20 auf etwa 100 angewachsen sei,
nicht Einer an Cholera erkrankt sein soll, und dass das Gleiche
auch von den Leichenwäschern behauptet werde.

---

1) Visit of the Egyptian Cholera Epidemic in 1883 to Port Said. British
Medical Journal 1884 1. Novbr. p. 854.

2) a. a. O. S. 19. Vgl. auch Zum gegenwärt. Stand der Cholerafrage S. 34.

Alexandria, die berühmte ägyptische Hafenstadt, unmittelbar am mittelländischen Meere gelegen, zählte im Jahre 1882 231 396 Einwohner (181 703 Aegypter, 49 693 Europäer und Fremde), die in etwa 16 000 Häusern wohnen. Die Stadt hat noch aus alter Zeit etwa 12½ Kilometer Abzugskanäle, und neben diesen ein neueres Kanalnetz, dessen Bau im Jahre 1868 für die Stadt und im Jahre 1870 für die Vorstadt »Minet el Bassal« begonnen wurde, die Gesammtlänge dieser neuen Kanäle betrug im Jahre 1883 etwa 30 Kilometer. Diese Kanäle sind aber nach Ansicht der Commission nichts weiter, als lang gestreckte, undichte ungeheure Kloaken und Versitzgruben, und kann von einer irgendwie wirksamen Kanalisation der Stadt überhaupt nicht die Rede sein, und ist demnach das Geld, welches zu ihrer Herstellung verwendet wurde, nutzlos verschwendet.

Ich selbst war nie in Alexandria und muss daher der Beschreibung der Commission vollkommenen Glauben schenken, die sich auf officielle Mittheilungen stützt, und muss auch annehmen, dass der Boden von Alexandria im höchsten Grade von den Abfällen des menschlichen Haushaltes verunreinigt ist, und dass daher die Assanirung des Bodens nicht wie im Fort William und in der Grube in Haidhausen Ursache gewesen sein kann, dass Alexandria im Jahre 1865 vom 11. Juni bis 31. Juli 4018, und im Jahre 1883 vom 2. Juli bis 26. Dezember nur mehr 919 Menschenleben durch Cholera verlor, was allerdings ein gewaltiger Unterschied ist. [919 : 4018 = 1 : x · x = 4,37 mal mehr [1]).] Der Unterschied wird noch etwas grösser, wenn man die Todesziffern auf die Zahl der Einwohner in den Jahren 1865 und 1883 bezieht. Dann erhält man sogar das Verhältnis 1 zu 5,55. Und diese grosse Differenz soll durch die verschiedene Trinkwasserversorgung in den Jahren 1865 und 1883 verursacht sein.

Um dieses beweisen zu können, wäre allerdings das Wünschenswertheste und Einfachste, wenn Alexandria 1883 eine ganz andere Wasserversorgung als 1865 gehabt hätte. Der Führer der Commission scheint dieses anfänglich auch geglaubt zu haben, denn

---

[1]) Warum auf S. 77 des Commissionsberichtes die Zahl der Todten auf 919 und auf S. 79 zu 927 angegeben wird, ist mir nicht klar geworden.

er sagte noch in der II. Berliner Choleraconferenz, welche lange
nach seiner Rückkehr aus Aegypten stattfand: »Im Jahre 1865
hatten beide Städte (Alexandria und Kairo) sehr heftige Epidemien. Nach dieser Zeit erhielten sie beide Wasserleitung«[1]).

Der Commissionsbericht erklärt diese Angabe ausdrücklich
für einen Irrthum und sagt Seite 64: »Seit dem Jahre 1860 ist
die Stadt (Alexandria) mit einer Wasserleitung versehen«. Natürlich wird nun im Sinne der Trinkwassertheorie behauptet, dass
die Wasserversorgung im Jahre 1865, obschon sie schon seit
5 Jahren bestand, noch recht schlecht gewesen sei, dass sie aber
nach 1865 sich so verbessert habe, dass damit der Unterschied
der Intensität der Epidemien von 1865 und 1883 erklärt werden könne.

Da dieser Schluss wohl einem Trinkwassertheoretiker, aber
keinem Epidemiologen ohne weiteres zu verzeihen wäre, so will
ich zunächst untersuchen, ob so grosse Differenzen in Ortsepidemien nicht auch in Fällen vorkommen, in welchen ein Einfluss
des Trinkwassers völlig ausgeschlossen ist. Ich will der Stadt
Alexandria als Beispiel die Stadt Berlin gegenüber stellen.

Nach Hirsch[2]) verlor Berlin

1832	6,2
1833	1,8
1837	8,8
1848	3,9
1849	8,8
1850	1,8
1852	0,4
1853	2,3
1855	3,3
1866	8,3
1871	0,07
1873	0,8 Promille an asiatischer Cholera.

---

1) Berliner klinische Wochenschrift 1885. Separatabdruck der Verhandlungen der II. Choleraconferenz S. 51.

2) Berichte der Choleracommission für das deutsche Reich. Heft 6 S. 78.

Man sieht, dass Berlin viel viel öfter Cholera hatte, als das von Indien so nahe und arg bedrohte Alexandria, dass aber bei keiner Epidemie 22 Promille, wie 1865 in Alexandria vorkommen. Jedoch die Unterschiede zwischen den einzelnen Cholerajahren Berlins sind doch noch viel grösser als in Alexandria. Das Verhältnis vom Minimum zum Maximum (1871 0,07 und 1837 oder 1849 8,8) in Berlin ist nicht wie in Alexandria 1 zu 5,55, sondern wie 1 zu 125,71, und selbst wenn man nicht das Jahr 1871, sondern 1852 als Minimum nimmt, so ist das Verhältnis zum Maximum immer noch 1 zu 22, also immer noch viermal grösser wie in Alexandria zwischen 1883 und 1865.

Ich überlasse es jedem Trinkwassertheoretiker, seine Theorie auf Berlin anzuwenden. Es wird ihm nicht besser ergehen, als der Commission in Alexandria, wenn sie auch anführt, dass seit 1879 zu den zwei bestehenden Filterbetten noch ein drittes hinzugekommen ist, dass von 16 000 Häusern gegen 4000 an die Wasserleitung angeschlossen sind, ausserdem in den Strassen sich zahlreiche Ausläufe befinden, wo aber in gewöhnlichen Zeiten nur aus sehr wenigen die Wasserentnahme ohne Bezahlung gestattet ist, und nur zur Zeit der Epidemie auch den Bedürftigen Gelegenheit gegeben war, sich unentgeltlich mit Leitungswasser zu versehen. Aber die Epidemie musste doch bereits ausgebrochen sein, ehe man gegen die Armen so freigebig wurde. Später wird noch angeführt, dass von dem Leitungswasser im Jahre 1865 vom April bis Oktober, also in 7 Monaten nur 2 341 013, hingegen im Jahre 1883 in gleicher Zeit 6 684 026 Kubikmeter Wasser in der Stadt verbraucht worden seien.

Die ganze Verbesserung der Wasserversorgung seit 1860 beschränkt sich somit wesentlich auf einen Mehrgewinn und Mehrverbrauch, aber man weiss nicht, ob mehr Wasser zum Trinken oder für andere Zwecke verbraucht wurde. Aus den Zahlen geht übrigens zur Evidenz hervor, dass in Alexandria der allergeringste Theil als Trinkwasser verwendet worden sein konnte.

Berechnet man den Wasserverbrauch aus der Wasserleitung im Jahre 1865, so ergibt sich bei 180 796 Einwohnern pro Tag und Kopf 60 Liter, im Jahre 1883 bei 231 396 Einwohnern 135 Liter

pro Kopf und Tag. Da nun etwa nur der vierte Theil der Häuser
an die Wasserleitung angeschlossen war, aber trotzdem schon im
Jahre 1865 pro Kopf und Tag 60, und im Jahre 1883 sogar
135 Liter sich berechnen, so ist offenbar, dass weitaus der grösste
Theil als sogenanntes Brauchwasser für Zwecke der Reinlichkeit
benützt und als gebrauchtes Wasser auch wieder abgeführt worden
sein muss. Wenn die Muhamedaner auch weder Wein noch
Bier trinken, so trinken sie doch unmöglich so enorme Wassermengen. Wenn daher die Abwässer in den schlechten Kanälen
im Jahre 1865 noch sehr unrein waren, so müssen sie bei dem
viel grösseren Wasserverbrauche im Jahre 1883 doch entsprechend
und verhältnismässig viel verdünnter, d. h. reiner gewesen sein.

Die Reinigung der Kanäle durch Regen kommt bei der ausserordentlich geringen Menge und der Seltenheit der Niederschläge
in Alexandria nur sehr wenig in Betracht. Wenn ich als Localist
so genügsam und leichtgläubig wie die Trinkwassertheoretiker wäre,
so wäre für mich jetzt auch erklärt, warum 1883 in Alexandria
nicht mehr Menschen an Cholera gestorben sind, selbst wenn sie
keinen Tropfen Wasser getrunken hätten. Aber ich hüte mich
sehr, zu prophezeien, dass Alexandria später, wenn es vielleicht
noch mehr Wasser verbraucht, wieder ebenso wenig, oder noch
weniger Cholera haben werde als 1883; denn es könnte ganz anders
kommen. München z. B. hatte die Cholera erst dreimal, aber
einmal viel stärker als Berlin. München verlor in der Epidemie
von 1836 10 Promille, in der von 1854 aber 24, also mehr als
Alexandria 1865, und in der Epidemie von 1873 wieder 9 Promille, und spielten bei allen drei Epidemien die Wasserleitungen
auch nicht die geringste Rolle.

Von meinem localistischen Standpunkt aus hätte ich auch
einige Auskunft über die so höchst ungleiche Vertheilung der
Cholera in den einzelnen Stadttheilen (Quartieren) der Stadt
Alexandria sowohl bei der Epidemie von 1865 als auch bei der
von 1883 gewünscht, worüber Dr. Schiess Bey der Commission
eine sehr interessante Tabelle mitgetheilt hat[1]).

---

1) a. a. O. S. 79.

Es verlor durch Cholera Promille der Bevölkerung das

	1865	1883		1865	1883
I. Quartier . .	10,4	1,7	III. Quartier . .	28,4	6,1
II. „ . .	13,7	3,5	IV. „ . .	33,5	4,3
			V. „ . .	36,5	8,1

Man sieht auf dieser Tabelle nicht nur, dass die Epidemie von 1883 im Ganzen viel schwächer war als die von 1865, sondern auch, dass die Unterschiede zwischen den einzelnen Quartieren in beiden Cholerajahren verhältnismässig ziemlich gleich gross waren. Iu beiden Cholerajahren verloren das I. und II. Quartier am wenigsten und das III., IV. und V. am meisten, nach meiner Ansicht entsprechend der verschiedenen örtlich-zeitlichen Disposition, welche die Commission ins Trinkwasser verlegt. Ist die Trinkwasserversorgung diesen örtlichen und zeitlichen Unterschieden entsprechend gewesen?

Wenn man von dem Minimum des fast ausschliesslich von Arabern bewohnten I. Quartiers ausgeht (1865 10,4, 1883 1,7) und die Verhältniszahlen der Jahre 1865 und 1883 rechnet, so erhält man für das

	berechnet	gefunden		berechnet	gefunden
I. Quartier	1,7	1,7	III. Quartier	4,6	6,1
II. „	2,2	3,5	IV. „	5,4	4,6
			V. „	5,9	8,1

Es wird jeden, der nicht bloss qualitativ sondern auch quantitativ denken gelernt hat, in hohem Grade überraschen, dass in diesem Falle Rechnung und wirkliche Beobachtung so auffallend zusammengehen. Das I. Quartier zum Ausgangspunkte der Rechnung zu nehmen, hat man nach der Schilderung der Commission in ihrem Berichte Seite 61 und 62 gewiss ein volles Recht; es wird als das schmutzigste und überfüllteste hingestellt. Mich hat diese Schilderung sehr an das erinnert, was ich in den überfüllten Arbeiterquartieren auf Croix rousse in Lyon gesehen habe, wo die Cholera nicht einmal im Jahre 1854 hin mochte, als sie sich doch in einigen anderen Quartieren (Guillotière, Perrache und Lyon Vaise) ausnahmsweise und das einzige Mal in diesem Jahrhundert epidemisch zeigte, oder an den schlimmsten Stadttheil von Valletta auf der Insel Malta, an den Manderaggio, in welchen die Cholera auch im Jahre 1887 wieder nicht hinein mochte. Aber ich bin nie in Alexandria gewesen und habe die dortigen Boden- und Drainageverhältnisse nicht studirt, und kann daher auch vom localistischen Standpunkte aus keinen Grund angeben, weshalb die beiden nebeneinander liegenden Quartiere I und II bei schweren und leichten Epidemien stets so viel weniger Cholerafälle haben als die Quartiere III und IV und namentlich das frei liegende Villenquartier V. Ich kann jedoch den bescheidenen Zweifel nicht unterdrücken, ob in dem I. Quartier nicht das nämliche und ebenso wenig oder ebenso viel Wasser getrunken wird, wie in III, IV und V.

Wenn ich den Stadtplan von Alexandria betrachte, so fällt mir nur auf, dass die Commission gerade in die Quartiere I und II die meisten dieser elenden, verrufenen Kanäle hineingezeichnet hat; doch will ich auf diese nicht das geringste Gewicht legen. Auf dem immunen Croix rousse sah ich gar keine Kanäle, und der Manderaggio ist ein zugeschütteter Meeresarm ohne Licht und Luft und kaum drainirbar.

Wer aber einmal an die Trinkwassertheorie glaubt, thut sich überall und zu jeder Zeit sehr leicht, denn überall wird Wasser getrunken und man kann es überall und immer »für möglich halten«, oder »sich denken«, dass Spuren eines Cholerastuhles ins Trinkwasser gelangen, dass Menschen bald mehr, bald weniger davon geniessen, je nachdem die Epidemie grösser oder kleiner wird, oder dass auch gar nichts ins Trinkwasser kommt, in welchem Falle auch gar keine Cholera vorkommt.

So urtheilt die Commission, wenn sie für Alexandria die gesammte örtliche und örtlich-zeitliche Disposition ins Trinkwasser verlegt, ebenso auch für Damiette, welches zwar keine Wasserleitung hat, wo aber leicht ein aus Indien gekommener englischer Heizer sein Hemd oder seine Hose im Nil gewaschen haben konnte, möglicherweise sogar selbst ein bischen Cholera gehabt hatte, ohne es zu wissen oder zur Anzeige zu bringen. Ein ähn-

liches Vorkommnis führt die Commission vom Dorfe Chatby [1]) bei
Alexandria an, welches Dorf nur von Arabern bewohnt, »auffallender Weise in der Zeit, als in der Stadt die Epidemie herrschte,
von der Cholera gänzlich verschont geblieben war. Erst in der
Nacht vom 17. zum 18. October traten plötzlich vier Todesfälle
in Folge dieser Krankheit auf, und schon am folgenden Morgen
wurden weitere drei Cholerakranke in das arabische Hospital ein-
geliefert, von denen einer noch am 18. und einer am 19. October
verstarb.« Die Commission meint ferner: »Der Ausbruch der
Krankheit in Chatby bietet insoferne ein ganz besonderes Interesse,
als die ersten vier Todesfälle gleichzeitig in ganz verschiedenen
Theilen des Ortes, nämlich je einer am östlichen, südlichen, west-
lichen und nördlichen Ende des Dorfes erfolgten. Man muss also
annehmen, dass eine gemeinschaftliche, ausserhalb der Wohnungen
der Erkrankten gelegene Ursache den Anlass zu der kleinen Epidemie gegeben hat«. Aber auch da vermag die Trinkwassertheorie
zu helfen. Das Dorf durchschneidet ein offener Kanal, welcher
sein Wasser aus dem Mamudiehkanal, aus welchem ganz Alexandria mit Wasser versorgt wird, erhält. Während der Epidemie in
der Stadt lag der offene Kanal trocken und führte erst Mitte October
etwas Wasser vom Mamudiehkanal her. »Ohne Zwang kann
man sich vorstellen, dass z. B. in den Tagen vor Ausbruch der
Krankheit ein mit Choleradejectionen beschmutztes Stück Wäsche
in dem Kanal gewaschen worden ist, und dass dann das Wasser den
Krankheitskeim den acht Erkrankten gleichzeitig zugeführt hat«.

Denken lässt sich zwar fast Alles, aber schwer kann ich
wenigstens mir denken, dass von diesem Wasser in Chatby von
den 1500 Einwohnern des Dorfes sich nur 8 die Krankheit an-
getrunken haben sollen. Haben die anderen 1492 nichts getrunken oder waren alle individuell nicht disponirt?

Man kann sich auch noch viele andere Möglichkeiten
denken, aber wer epidemiologisch geforscht hat, findet an dem
gleichzeitigen Erkranken in Ost, Süd, West und Nord eines
Ortes nicht nur nichts Auffallendes, sondern eher eine Regel,

---

1) a. a. O. S. 70.

wenigstens in allen grösseren Orten. Ich habe darauf in meinen Untersuchungen zum gegenwärtigen Stand der Cholerafrage wiederholt hingewiesen und namentlich auch gelegentlich der Besprechung des praktischen Werthes der Constatirung des Kommabacillus [1]).

Die ersten 20 Cholerafälle bei der Epidemie von 1854 in München hatten unter sich nicht den geringsten persönlichen oder örtlichen Zusammenhang und waren über die ganze Stadt zerstreut. Das Gleiche war bei der Epidemie von 1873 der Fall. Die Krämerstrasse im Osten, die obere Gartenstrasse (jetzt Kaulbachstrasse) im Norden, und die Birkenau im Süden von München liegen viel weiter auseinander, als die vier Fälle in Chatby, und wurde überall ein anderes Wasser getrunken, und wurde in diesen Gegenden zuvor noch nie Cholerawäsche gewaschen, weil noch nirgend Cholerafälle vorgekommen waren.

Die Commission sagt ferner: »Unmittelbar nach den Vorkommnissen in Chatby traten auch in Alexandrien wieder Cholerafälle auf. Am 20. October wurde 1 Todesfall gemeldet, am 22. und 23. je 4, am 24. 9 u. s. f., so dass es schien, als solle von neuem eine Epidemie sich entwickeln; indess nahm an dem genannten Tage (27. October) die Zahl wieder ab. Zwar forderte die Krankheit noch bis tief in den December hinein einzelne Opfer, vermochte aber nicht mehr festen Fuss zu fassen und war am Jahresschluss endgiltig erloschen.«

Solche Nach- oder Spätepidemien beobachtet man auch nicht selten in anderen Orten, in welchen man das Trinkwasser nicht zur Erklärung herbeiziehen kann. Die heftige Epidemie von 1854 in München begann Ende Juli und wurde anfangs October als erloschen erklärt: es folgte eine schwache Nachepidemie bis zum März 1855. Die schwache Sommerepidemie von 1873 begann auch Ende Juli, wurde anfangs November als erloschen erklärt, ihr aber folgte eine grosse Nachepidemie, eine Winterepidemie, welche viel grösser als die Sommerepidemie wurde und sich bis in den April 1874 hinein fortsetzte [2]).

---

1) a. a. O. S. 648.
2) Zum gegenwärtigen Stand der Cholerafrage. S. 426.

Diese localistischen Räthsel können unmöglich mit Trinkwasser erklärt werden, ebenso wenig, als dass die Alexandria nahe
liegende Stadt Rosette im Jahre 1883 verhältnismässig noch viel
weniger Cholera hatte als Alexandria, obschon in Rosette keine
so tadellose Wasserversorgung eingerichtet zu sein scheint.
Rosette [1]) hatte während der Epidemie von 1865 2374 Choleratodesfälle, 1883 aber nur 230, während es in Alexandria 4018
und 919 waren. 919 verhält sich zu 4018 wie 1 zu 4,37, und
230 zu 2374 wie 1 zu 10,30. Also hatte verhältnismässig Rosette im Jahre 1883 noch viel weniger Cholerafälle als Alexandria,
obschon der Keim zu einer Epidemie hinreichend vorhanden
gewesen wäre, denn die 230 Choleratodesfälle, die dort vorkamen,
sind doch auch contagionistisch mindestens ebenso viel werth,
als die einzige Syrerin in Damiette oder die Händlerin, welche
mit indischen seidenen Tüchern und Parfüms aus Port Said kam,
und damit die Syrerin möglicherweise angesteckt hat, obschon
sie selbst erst an Cholera erkrankte, als sie von Damiette wieder
nach Port Said abgereist war, also wahrscheinlich erst in Damiette
inficirt worden war.

Diese auch für die Trinkwassertheorie wichtige Thatsache von
Rosette ist zwar der Commission nicht entgangen, aber von ihr
leider nicht verfolgt worden: sie sagt nur[2]): »Wie Alexandria 1883
im Vergleich zu 1865 in sehr geringem Maasse von der Cholera
zu leiden gehabt hat, so gilt dies in noch höherem Grade von
Rosette. Es fehlt indess der Commission jeder Anhaltspunkt für
die Erklärung dieses Verhaltens, da die genannte Stadt nicht von
ihr besucht worden ist.«

Es ist sehr zu beklagen, dass sich die Commission die Gelegenheit entgehen liess, nachzuweisen, dass Rosette noch viel
besser mit Trinkwasser versorgt ist als Alexandria, und nicht
Zeit gefunden hat, sich auf die Eisenbahn zu setzen, welche sie
in wenigen Stunden nach Rosette gebracht hätte. Ich war in
meinen jüngeren Jahren ganz anders gesinnt, mich reizten gerade
jene Fälle am meisten, welche meinen Ansichten widersprachen.

---

1) Commissionsbericht S. 77.
2) a. a. O. S. 80.

Ich ging auf eigene Kosten von München nach Lyon, Gibraltar
und Malta, die Commission hätte auf Reichskosten von Alexandria
nach Rosette fahren können. Aber der Fall interessirte die Commission damals offenbar nicht; und konnte sie auch nicht inter-
essiren, da sie wesentlich ja doch nur bacteriologische und nicht
epidemiologische Ziele verfolgte. In bacteriologischer Beziehung
hat die Mission ja zu einem glänzenden Resultate geführt, und
hätte die Commission gut gethan, sich auf dieses von ihr beherrschte Gebiet zu beschränken. Wie für die Tuberculose der
Tuberkelbacillus, so ist für die Cholera der Cholerabacillus gefunden: was will man noch mehr? Viele denken, die Cholerafrage sei jetzt gelöst, und Alles, was früher in epidemiologischer
Richtung gearbeitet worden ist, sei nutzlos und könne in den
Papierkorb geworfen werden. In diesem Sinne hat sich erst
kürzlich ein Referent in der Berliner klinischen Wochenschrift
ausgesprochen [1]. Der Reisebericht der Commission ist jetzt nicht
nur in bacteriologischer, sondern auch in epidemiologischer Beziehung der allein gültige Koran, und die Berichte der einstigen
Choleracommission für das deutsche Reich können anno 1888
mit demselben Rechte verbrannt werden, wie anno 641 die ganze
Alexandriner Bibliothek, bei welcher Gelegenheit der Khalife
Omar gesagt haben soll, man könne sie ruhig brennen lassen,
denn was wahr und nothwendig ist, steht im Koran; alles andere
ist überflüssig, falsch und schädlich. Und der Sultan hatte von
seinem Standpunkte aus ganz recht, denn seine Aufgabe war
nicht, die Segnungen des Friedens sondern den Islam zu ver-
breiten, welcher glaubensselig macht und den Weg ins Paradies
bahnt.

Ich für meine Person bin allerdings noch immer der ketzeri-
schen Ansicht, dass die Entdeckung des Cholerabacillus, eine so
wichtige bacteriologische und wissenschaftliche Errungenschaft
sie auch ist, für die Verhinderung der Choleraepidemien praktisch
vorerst nicht mehr zu bedeuten habe, als die Entdeckung des
Tuberkelbacillus für die herrschende Schwindsucht, welche seitdem

---

[1] Jahrgang 1888 S. 108.

auch noch nicht im geringsten abgenommen hat; ich weiss auch, dass in dem Augenblick, als ich dieses ausspreche, mein Bild von allen Korangläubigen tiefer gehängt werden wird, oder wie man in Berlin sagt, dass »Keulenschläge« auf mich fallen werden; aber ich sterbe unbussfertig.

Nach dieser gemüthlichen Abschweifung kehre ich schliesslich nur noch einen Augenblick nach Kairo zurück, um auch vom dortigen Trinkwasser etwas Weniges zu geniessen.

Kairo besitzt zwar, wie Alexandria, auch ein Netz von unterirdischen Kanälen, doch kann hier ebenso wenig wie dort von einer wirksamen und geregelten Kanalisation die Rede sein. Kairo besitzt auch ebenso wie Alexandria eine Wasserleitung, von welcher aber die Commission sagt [1]): »Neben dem Wasser der Leitung wird in Kairo, wie überall in Aegypten, von der ärmeren Bevölkerung direct aus dem Nile oder den Kanälen geschöpftes Wasser benutzt. Dabei erregt der Umstand, dass in unmittelbarer Nachbarschaft der Entnahmestelle zur selben Zeit schmutzige Leibwäsche gewaschen wird oder menschliche Dejectionen ins Wasser gespült werden, auch hier offenbar nicht die geringsten Bedenken.«

Wenn das überall in Aegypten der Fall ist, wie die Commission sagt, so wird es wohl auch in Alexandria der Fall gewesen sein, was mir auch sehr wahrscheinlich ist, weil von den 16 000 Häusern Alexandria's nur gegen 4000 an die Wasserleitung angeschlossen sind. Warum diese landesübliche Sitte in Alexandria nicht die schlimmen Folgen wie in Kairo gehabt hat, hat die Commission zu sagen vergessen. Sie sagt nur [2]), dass es in Kairo zur Zeit der Epidemie mit der Wasserleitung, obwohl sie bereits seit einer langen Reihe von Jahren bestehe, sehr traurig ausgesehen habe. Einige Stadttheile erhalten filtrirtes, einige unfiltrirtes Wasser theils aus dem Nile, theils aus dem Ismailia-Süsswasserkanal. »Eine ziemlich grosse Anzahl von Häusern, zumal von solchen, welche vom Nil und dem Ismailia-Kanal entfernt liegen, ist endlich mit Cysternen versehen, die zur Zeit des

1) a. a. O. S. 54.
2) a. a. O. S. 53.

Hochstandes des Nils mit Nilwasser gefüllt werden, und dann
für das ganze Jahr den Bedarf liefern.« In dem nicht filtrirten
Leitungswasser wurden sogar schon kleine Fische gefunden; etwa
so, wie in Hamburg in dem nicht filtrirten Elbewasser allerlei
schwimmt. Als Dr. v. Becker die ersten Cholerakranken in
der Vorstadt Boulacq besuchte, fand er da, wo die Wasserwerke
aus dem Kanal das Wasser entnahmen, die Ufer besetzt mit
zahlreichen Weibern, welche schmutzige, durchweg aus dem inficirten Theile Boulacq's herrührende Wäsche reinigten.

Wie die Cholera nach Boulacq kam, weiss man nicht, ebenso
wenig, als wie sie nach Damiette oder Alexandria kam, aber
wenn man nur einmal einen epidemisch ergriffenen Ort hat, dann
lässt sich leicht etwas weiter denken und vermuthen. Thatsache
aber ist, dass sich trotz allem in den einzelnen Quartieren der
Stadt die Krankheit noch viel verschiedener als in Alexandria
verbreitete [1]). Im Quartier Boulacq (52 339 Einwohner) starben
55 Promille an Cholera, im Quartier Alt-Kairo (20 132 Ein
wohner) 48, und im Quartier Khalifa (36 737 Einwohner) nur 2,
in Gamalieh und Darb el Ahmar (29 781 und 40 825 Einwohner)
nur 3 Promille. »Diese ausserordentlich grossen Unterschiede
in der Betheiligung der einzelnen Quartiere würden ein ein-
gehendes Studium unter Berücksichtigung der sämmtlichen ätio-
logisch in Betracht kommenden Factoren in hohem Grade
wünschenswerth erscheinen lassen; leider fehlen indess der Commission hierzu die erforderlichen Unterlagen.« Mit diesem Ausspruch hat die Commission ihren epidemiologischen Standpunkt
selbst genügend kritisirt, und für die Anwendung der von ihr
adoptirten Trinkwassertheorie auf »diese ausserordentlich grossen
Unterschiede in der Betheiligung der einzelnen Quartiere« nichts
anzuführen gewusst, als die Immunität der französischen Mühlen
am Ismailiakanal mitten in einem Choleraquartier, welche Immunität ohne weiters davon abgeleitet werden will, dass sich auf
Befehl der Direction das ganze Etablissement vom Verkehr mit
der übrigen Stadt während der ganzen Dauer der Epidemie an-

---

1) a. a. O. S. 58.

geblich vollständig absperrte und die 82 Arbeiter nur filtrirtes
und gekochtes Wasser tranken. Ich erinnere daran, dass solche
Fälle auch anderwärts ohne jede Absperrung und ohne gekochtes
Wasser vorkommen, wie z. B. 1884 in Neapel im Choleraspital
Maddalena [1]), wo man sich von der heftig ergriffenen Umgegend
nicht nur nicht abgesperrt, sondern wo man sogar die Cholerakranken zusammengehäuft hat. Da in den französischen Mühlen
zwei Mittel gegen die Cholera gleichzeitig angewandt wurden, so
wäre es auch möglich, dass schon eines, die Absperrung, geholfen,
und es des Wasserkochens gar nicht mehr bedurft hätte.

»Die Commission ist leider auch in diesem Falle nicht in
der Lage gewesen, die in Frage kommenden Oertlichkeiten persönlich zu besichtigen, immerhin hat sie geglaubt, die Mittheilungen des Herrn Dr. Ahmed Hamdy Bey hier wiedergeben
zu sollen, zumal dieselben auch durch die vom Herrn Sicken-
berger (Director des botanischen Gartens) persönlich angestellten
Ermittelungen durchaus bestätigt worden sind«.

In Kairo scheint mir somit die Trinkwassertheorie noch viel
weniger als in Alexandria am Platze zu sein.

Ueber ihre Anwendung auf Port Said, Ismailia und Suez,
die sämmtlich aus dem Ismailiakanal versorgt sind, brauche ich
eigentlich gar nichts sagen. Die drei Städte wurden 1865 und
1883 nur schwach von der Krankheit berührt, Ismailia 1883 viel
stärker als Port Said und Suez. Die Commission sagt: »Angesichts dieses verschiedenen Verhaltens der drei Städte ist es von
Interesse, dass bezüglich der Art der Wasserversorgung ebenfalls
wesentliche Unterschiede zwischen ihnen bestehen, wenn sie auch
sämmtlich ihren Bedarf aus dem schon mehrfach erwähnten Ismailia-Kanal erhalten. — Am meisten ist der Verunreinigung
mit menschlichen Dejectionen das Wasser von Ismailia ausgesetzt;
denn hier verläuft der Süsswasserkanal, zunächst das arabische
Viertel passirend, unmittelbar an der Stadt entlang. Da die
arabische Bevölkerung ihren Bedarf an Wasser ohne weiteres aus
dem Kanal entnimmt, da ferner am Ufer des Kanals oberhalb

---

1) Emmerich, Deutsche medicin. Wochenschrift 1884 S. 814.

Ismailia's eine Anzahl von Dörfern und Ortschaften gelegen ist, durch welche leicht eine Infection des Wassers herbeigeführt werden kann, so nähert sich Ismailia hinsichtlich der in Frage stehenden Verhältnisse in der That dem, was man gewöhnlich in Aegypten findet«.

Nun sind allerdings im Jahre 1883 in Ismailia (3336 Einwohner) 56, in Port Said (17160 Einwohner) nur 8 und in Suez (11166 Einwohner) 53 Choleratodesfälle vorgekommen, aber im Jahre 1865, wo Ismailia auch schon aus dem Süsswasserkanal schöpfte, denn der Süsswasserkanal hatte Ismailia schon im Jahre 1863 erreicht, und dieser auch schon das arabische Viertel passirend, unmittelbar an der Stadt entlang verlief, eine Anzahl Ortschaften und Dörfer auch schon oberhalb Ismailia waren, und die Araber auch damals schon ihre alten Gewohnheiten gehabt haben werden, ging es geradezu umgekehrt. Damals hatte Ismailia, wie die Commission selber mittheilt, keinen einzigen Fall, während Suez und Port Said jedes 57 Fälle hatte. Das ist aber ja gerade das Schöne und Bequeme an der Trinkwassertheorie, dass sie immer passt, es mag Cholera in einen Ort kommen oder nicht. Kommt sie, dann ist halt etwas auch ins Wasser gekommen, und kommt sie nicht, dann ist eben nichts hineingekommen.

Ich hoffe zuversichtlich, dass die weitere Entwickelung der Bacteriologie mit Hülfe der experimentalen Pathologie der Trinkwassertheorie bald ihr seliges Ende bereiten wird. Aus den Versuchen von Kraus schon ergibt sich, das der Koch'sche Vibrio in gewöhnlichem, aber natürlichem, nicht sterilisirtem Wasser auffallend schnell zu Grunde geht[1]).

Dagegen vermag auch die Cholera und der Tank von Saheb-Bagan in Calcutta nichts zu beweisen, worüber die Commission sagt[2]): »Bei einer unbefangenen Betrachtung der geschilderten Epidemie wird nicht bezweifelt werden können, dass der Genuss des mit Choleradejectionen inficirten Tankwassers die Epidemie verursacht hat, und die Thatsache, dass dementsprechend auf

---

1) Archiv für Hygiene Bd. 6 S. 249.
2) a. a. O. S. 188.

der Höhe der Epidemie die Cholerabacillen in dem Tankwasser gefunden wurden, während sie gegen Ende derselben
nahezu völlig verschwunden waren, steht in vollstem Einklange
mit der auf Grund anderweitiger Untersuchungen gewonnenen
Ueberzeugung von der Bedeutung der genannten Organismen.«

Dass diese Organismen in dem Tank gewachsen seien oder
von aussen hineingebracht sich darin vermehrt haben, wagt die
Commission selbst nicht streng zu behaupten, sie nimmt höchstens die Möglichkeit eines Sichvermehrthabens an. Die Vermehrung hätte sich auch im Laboratorium an den dem Tank zu
verschiedenen Zeiten entnommenen Wasserproben zeigen müssen,
und hätten schwerlich die am 21. Februar, am Ende der Epidemie entnommenen Proben nur mehr eine einzige Colonie von
Cholerabacillen zur Entwickelung bringen können, wenn das
Wasser ein geeigneter Nährboden für sie gewesen wäre. Die
Bacillen scheinen eben in dem Maasse im Tankwasser gefunden
worden zu sein, in welchem sie durch Fäcalien und Wäsche von
Cholerakranken zufällig hineinkamen, und scheinen im Tankwasser stets bald zu Grunde gegangen zu sein.

Auch ist nicht richtig, dass die Untersuchungen auf der
Höhe der Epidemie begonnen haben, denn die erste Untersuchung
wurde erst unmittelbar vor dem Auftreten des drittletzten Falles,
am 8., die zweite am 11., die dritte am 21. Februar ausgeführt,
während die Epidemie schon am 2. Januar begann und ihre
Höhe am 27. Januar erreichte.

Entsprechend der Menge der Cholerafälle in den umgebenden
Hütten werden Mengen von Cholerabacillen auch in den Tank gelangt
sein, aus welchem nicht nur Wasser geschöpft, sondern in welchem
auch gebadet und gewaschen wurde. Cholerawäsche ist stellen-
weise sicherlich auch noch nach dem allerletzten Cholerafalle im
Tank gereinigt worden, und wundert es mich gar nicht, dass
selbst am 21. Februar noch eine Colonie von Cholerabacillen
gefunden wurde, wenn auch schon am 15. Februar der letzte
Cholerafall gemeldet wurde. Dass aber die Umwohner des Tanks
sich die Cholera aus dem Tank geholt haben, ist eine ganz will-
kürliche, nach meiner Ansicht ungerechtfertigte Schlussfolgerung.

Um eine solche Schlussfolgerung machen zu dürfen, müsste nachgewiesen sein, dass sich die Cholerabacillen im Wasser gefunden
und vermehrt hätten, ehe sich die Cholerafälle in den Hütten
zeigten und vermehrten. Von den auf diese berühmt gewordene
Tankepidemie folgenden bacteriologischen Untersuchungen von
Keim und Gibbes und von Douglas Cunningham will
ich gar nicht sprechen, welche in diesem und in anderen Tanks
solche Bacillen fanden und nicht fanden, ohne mit dem Erscheinen und Verschwinden der Cholera in der Umgebung auch
nur den geringsten Zusammenhang zu verrathen [1]).

Da sich die Trinkwassertheoretiker so viel denken dürfen,
so erlaube auch ich mir zu denken, dass die Infection in irgend
einer uns noch unbekannten Weise von den Hütten, und nicht
vom Wasser ausging, und dass die Cholerabacillen in dem Tank
verschwanden, nachdem die Cholera in den Hütten verschwunden war.

Die Trinkwassertheorie leidet noch an einem schweren
Mangel, der sich aber experimentell beseitigen liesse. Man hat
bisher immer nur qualitativ, aber noch nie quantitativ an die
Infection durch Trinkwasser gedacht, und wenn man in einem
Wasser Typhus- oder Cholerabacillen angegeben fand, so glaubte
man per se berechtigt zu sein, annehmen zu dürfen, dass durch
den Genuss eines solchen Wassers auch die Krankheit im Menschen
entstehen müsse. Nun weisen aber gerade die Infectionsversuche
mit pathogenen Mikroorganismen sehr bestimmt nach, dass zum
Gelingen der Versuche nicht bloss eine gewisse Qualität, sondern auch eine gewisse Quantität unerlässlich ist.

Ich denke mir nun, dass die enorme Verdünnung, welche
eintritt, wenn auch etwas von einem Typhus- oder Cholerastuhle
in einen Brunnen oder in eine Wasserleitung gelangt, ein ab-
solutes Hindernis für das Gelingen der Infection ist, und dass
die Verdünnung sogar ähnlich wie eine Desinfection wirkt, selbst
wenn der Mikroorganismus im Wasser am Leben bleibt.

Noch nie haben Trinkwassertheoretiker mit einem ange-
schuldigten Trinkwasser, von dem sie doch so gläubig annehmen,

1) Zum gegenwärtigen Stand der Cholerafrage S. 225.

dass es grosse Epidemien bei Menschen und Epizootien bei Thieren verursache, Infectionsversuche, weder an Menschen, noch an Thieren gemacht. Mit Typhus und Cholera darf man allerdings nach unseren gesetzlichen Bestimmungen nicht an Menschen, aber doch an Thieren experimentiren, was auch wirklich geschieht. Die Herren sollen einmal von den betreffenden Spaltpilzen so viel in Wasser bringen, dass ihre Menge annähernd der Verdünnung im Trinkwasser entspricht, und damit Thiere krank zu machen oder zu tödten suchen. Es wird einfach nicht gelingen.

Im vorigen Sommer, wo wir in München eine sehr trockene Zeit und einen sehr niedrigen Grundwasserstand hatten, bei welcher Gelegenheit sich in gewissen Gegenden oft Milzbrandepizootien entwickeln, liess ich mir eine möglichst grosse Menge von virulenten Milzbrandsporen darstellen, um damit geradezu einen Brunnen zu vergiften und mit dem daraus geschöpften Wasser Hammel zu inficiren, die ja bekanntlich sehr disponirt für Milzbrand sind. Der Brunnen enthielt von seiner Sohle bis zu seinem Spiegel damals etwa 300 l Wasser. Es wurden nun mehr als 15 Millionen Milzbrandsporen in dieses Wasser im Brunnen gebracht und tüchtig gemischt, so dass auf 1 cbcm Wasser mindestens 50 Milzbrandsporen trafen. Die Hammel bekamen viele Wochen lang kein anderes Wasser zu trinken als aus diesem Brunnen und wurde damit auch ihr Futter genetzt. Es entstand aber keine Milzbranderkrankung. — Da sich die Milzbrandsporen möglicherweise zu Boden setzen und das darüberstehende und durch Pumpen heraufgehobene Wasser davon frei sein konnte, so wurde das Wasser im Brunnen mit einer langen Stange zeitweise stark anfgerührt und ganz trüb heraufgepumpt, — aber auch da entstand kein Milzbrand.

Vielleicht macht die Commission ähnliche oder andere Infectionsversuche mit Trinkwasser, die für mich und Andere sehr lehrreich sein könnten. Bloss einen Typhus- oder Cholerabacillus im Wasser zu finden, scheint mir noch nicht genügend. Mich würde es sogar sehr wundern, wenn man während des Herrschens einer Cholera- oder Typhusepidemie in einem Orte gar nie einen

specifischen Bacillus im Wasser finden würde; denn wenn diese
Bacillen den Menschen befallen können, warum sollten sie nicht
auch nebenbei hie und da ins Wasser fallen?

Die einzige Concession, welche ich dem Trinkwasser als
Verbreiter von Infectionskrankheiten machen kann und von jeher
gemacht habe[1]), ist die, dass Leitungswasser, welches specifische
Keime enthält, unter Umständen auch die Rolle des menschlichen Verkehrs übernehmen kann, wenn auch das Trinken eines
solchen Wassers unschädlich ist. Gleichwie man solche Spuren
auf der Gelatineplatte erkennen und dann in geeigneten Medien
weiter züchten und beliebige Quantitäten von Reinculturen gewinnen und damit schliesslich Thiere inficiren kann, so können
solche Spuren durch das Wasser auch in ein Haus auf einen
günstigen Nährboden gelangend sich da möglicherweise innerhalb
einer gewissen Zeit doch so vermehren und vom Menschen in
irgend einer Form und Art in solcher Menge aufgenommen
werden, dass es zur Infection hinreicht. Aber selbst unter dieser
Voraussetzung zwingen die epidemiologischen Thatsachen zur
Annahme eines ectogenen Stadiums des Infectionsstoffes und sind
kein Beweis für die contagiöse Uebertragung. Ich habe mich
in diesem Sinne bereits vor fast zwanzig Jahren im zweiten Bande
der deutschen Vierteljahrsschrift für öff. Gesundheitspflege (1870)[2])
ausgesprochen, gleichwie ich auch schon von jeher als Ursache der
Infectionskrankheiten Mikroorganismen angenommen habe, schon
ehe einzelne specifische entdeckt waren; — aber das genügt eben den
Trinkwassertheoretikern und den meisten Bacteriologen heutzutage
noch nicht; sie denken, dass die Epidemiologie erst mit ihnen
beginne, und dass alles falsch sein müsse, was vor Neuschaffung
ihrer Welt geglaubt oder gethan wurde, oder was nicht mit dem
augenblicklichen Stand ihres Wissens stimmt. Es ist das der
Uebermuth der Jugend, der wieder schwinden wird, wenn die
Bacteriologie noch etwas älter wird, noch mehr gearbeitet und
auch die alte Welt besser studirt hat.

---

1) Zum gegenwärtigen Stand der Cholerafrage. S. 572.
2) a. a. O. S. 190.

3. Individuelle Disposition und Durchseuchung als Ursache des örtlichen und zeitlichen Auftretens der Choleraepidemien.

Um die Verschiedenheiten des örtlichen und zeitlichen epidemischen Auftretens und Verschwindens von Abdominaltyphus und Cholera contagionistisch, d. h. ohne Annahme eines ectogenen Stadiums des specifischen pathogenen Mikroorganismus, oder wie sich Hueppe auf dem VI. internationalen hygienischen Congress in Wien ausdrückt, ohne saprophytes Stadium, oder andere Zwischenstadien, wie sie Cramer[1] für eine Reihe von Pilzkrankheiten bei Pflanzen aufführt, zu erklären, muss gewöhnlich die individuelle Disposition und die Durchseuchung herhalten. Wie weit diese beiden klinisch feststehenden Factoren bei der Cholera verwendbar sind, darüber habe ich mich in meinen epidemiologischen Untersuchungen zum gegenwärtigen Stand der Cholerafrage[2] genügend ausgesprochen und kann ich mich hier deswegen kurz fassen. Ich will hier nur noch einige Thatsachen anführen, welche deutlich zeigen, dass das örtliche und zeitliche Erscheinen und Verschwinden dieser Krankheiten viel mehr in einer Disposition von etwas ausserhalb als innerhalb der Individuen gesucht werden muss. Ohne jeden Einfluss der individuellen Disposition oder der Durchseuchung zu verkennen, die ja bei jeder epidemischen Krankheit eine gewisse Rolle spielen, kann man zeigen, dass es doch viel mehr darauf ankommt, ob ein Ort Typhus oder Cholera hat, oder ob zeitweise ein Mensch von diesen Krankheiten ergriffen wird. Die Epidemien lassen sich viel ungezwungener vom einzelnen Orte, als vom einzelnen Kranken ableiten.

Wenn man die jährliche Typhusbewegung in München von 1851 bis 1887, also während 37 Jahren, betrachtet (Diagramm Seite 48), so findet man keinen einzigen Anhaltspunkt für eine Erklärung durch individuelle Disposition oder Durchseuchung. Der Typhuskeim war beständig in der Stadt und ist es heutzutage noch, geradeso, wie der Cholerakeim in Calcutta. Die indi-

---

1) Zum gegenwärtigen Stand der Cholerafrage. S. 559.
2) a. a. O. S. 469 bis 498.

viduelle Disposition spielt bei der Typhusmorbidität und -Mor-
talität unzweifelhaft eine Rolle, aber kann man hoffen, damit
zu erklären, warum die Typhusfrequenz von 1851 bis 1858
allmählich ansteigt und bis 1860 dann so steil abfällt? In der
folgenden Periode erreicht der Thyphus sein Maximum von 1860
bis 1864, im ersten Falle also binnen acht Jahren, im zweiten
binnen fünf Jahren, der dritte Gipfel 1872 braucht wieder sechs
Jahre, und der vierte 1879 wieder nur vier Jahre, bis er erreicht wird.

Ausserdem wird in diesen vier Typhusperioden Münchens
die Typhusfrequenz immer kleiner, bis sie 1881 auf einem ständigen Minimum anlangt.

Wenn man die Typhusbewegung nach Monaten betrachtet,
kann man keinen Grund dafür finden, dass die Münchener im
Winter, die Berliner im Herbste mehr disponirt sein sollten,
oder weshalb die Münchener gerade im October am durch-
seuchtesten sein sollten, wo die Berliner am disponirtesten sind.

Mit dieser Typhusbewegung harmonirt allerdings, wie B u h l
und S e i d e l nachgewiesen haben, die Bewegung des Grundwassers, aber kein Mensch kann denken, dass sie von einer zeitweisen Aenderung der individuellen Disposition der Bewohner
Münchens abhängig sei, ebenso wenig, als das Trinkwasser dabei
eine Rolle gespielt haben kann, wie schon oben auseinandergesetzt.

Etwas, aber nur etwas anders liegt die Sache, wenn man an
Stelle der gesammten individuellen Disposition einen Theil derselben setzt, das Durchseuchtsein, das Ueberstandenhaben eines
grösseren oder auch nur kleineren, von der specifischen Ursache
herrührenden Krankseins. Zu dieser Annahme hat man einen
ganz sichergestellten klinischen Grund, denn es kommt wirklich
sehr selten vor, dass ein Mensch, auch an einem Typhusorte
wohnend, wiederholt an Typhus erkrankt; es ist fast wie bei den
sog. Kinderkrankheiten, für die man im Leben in der Regel
auch nur einmal disponirt ist. Und so dachten auch in München
vor dem Bekanntwerden der Arbeiten von B u h l und S e i d e l
fast alle Aerzte, wenn recht typhusarme Jahre, wie z. B. 1859,

1860 und 1861, oder 1867 und 1868 nach sehr typhusreichen kamen, dass die Münchener nun eben durch die vorausgegangenen Epidemien genügend durchseucht worden seien, dass die individuelle Disposition erschöpft sei, und dass deshalb wieder bessere Zeiten kommen mussten und dauern würden, bis sich eben die individuelle Disposition allmählich wieder herstellt.

Diese Vorstellung hat doch wenigstens noch einen Schein von Berechtigung, ist nicht gar so bodenlos, wie die Trinkwassertheorie, aber bei näherer Betrachtung deckt auch sie sich nicht im geringsten mit den Thatsachen. Man konnte zwar anführen, dass bei Typhusepidemien in München Fremde, von auswärts Gekommene, auffallend mehr erkrankten, als Einheimische, die wahrscheinlich schon durchseucht oder wenigstens mehr durchseucht wären, was sich namentlich in der Studentenschaft und beim Militär und bei Dienstboten aussprach, aber das passte dann nicht mehr bei der jedesmaligen Abnahme des Typhus, an welcher die erst ankommenden Fremden, Studenten, Soldaten und Dienstboten, verhältnismässig ebenso wie die Einheimischen theilnahmen.

Wenn der Zuzug fremder, noch nicht durchseuchter Personen in einem Typhusorte einen merkbaren Einfluss auf die Typhusfrequenz hätte, so hätte der Typhus in München sogar stets zunehmen müssen und nicht in einer so auffallenden Weise abnehmen können, denn seit 1851 hat sich die Bevölkerung von 132 000 auf 268 000 vermehrt, also verdoppelt. Aber trotz dieses enormen Zuzuges von undurchseuchten Fremden hat der Typhus in den aufeinanderfolgenden Zeitperioden immer nur abgenommen. Man sieht deutlich, dass nicht die Gegenwart des Typhuskeimes an und für sich und auch nicht das Durchseuchtsein die Bewegung der Krankheit beherrscht, sondern ein ausserhalb der Menschen gelegenes, von dem Orte München ausgehendes Etwas, eine örtliche und örtlich-zeitliche Disposition.

Wie ein Experiment ist da die zeitliche Typhusbewegung in der Münchener Garnison und in ihren sieben Kasernen, welche durch die musterhaften langjährigen Untersuchungen von Oberstabsarzt Dr. Julius Port festgestellt ist[1]). Wenn München viel

[1]) Zeitschrift für Biologie Bd. 8 S. 457 und Archiv für Hygiene Bd. 1 S. 63.

Typhus hatte, hatte auch die Garnison viel, und wenn München
wenig Typhus hatte, hatte auch die Garnison, obschon sie jährlich aus dem ganzen Königreiche rekrutirt wird, wenig, und
gleichwie jetzt der Typhus in der ganzen Stadt auf ein Minimum
herabgesunken ist, so ist er es auch in der Garnison, obschon
immer von den Rekruten verhältnismässig mehr erkranken, als
von der älteren Mannschaft.

Dazu kommt noch die ausserordentlich grosse Verschieden-
heit der Typhusfrequenz in den einzelnen Kasernen. Die neue
Isarkaserne hatte z. B. von 1872 bis 1881 500, die Salzstadelkaserne nur 15 Typhusfälle und 76 und 0 Typhustodesfälle, oder
pro 1000 Mann Iststärke und Jahr berechnet

erkrankten in der neuen Isarkaserne 70,0,

      ,,   ,,   ,, Salzstadelkaserne   6,2 und

starben   ,,   ,, neuen Isarkaserne 10,6,

    ,,   ,,   ,, Salzstadelkaserne keiner

an Abdominaltyphus.

Individuelle Disposition und Durchseuchung müssen in beiden
Kasernen wohl als gleich angenommen werden, und die Soldaten
in der neuen Isarkaserne trinken sogar ein reineres Wasser, als
die in der Salzstadelkaserne.

Dieses epidemiologische Experiment mit der Garnison München
ist kein kleines, bei dem Zufälligkeiten eine wesentliche Rolle
spielen könnten, sondern geradezu ein grossartiges, denn es
handelt sich um fünf bis sechstausend Menschen jährlich. Die
Bacteriologen und Contagionisten begnügen sich schon mit den
Resultaten von Experimenten, welche an einem Dutzend Meerschweinchen oder Königshasen angestellt werden, aber hier wurde
an tausenden von Menschen und viele Jahre lang experimentirt.
Allerdings heisst man es nicht Experiment, weil man es nicht
absichtlich sondern nur zufällig oder nothgedrungen angestellt
hat, aber für die epidemiologische Forschung ist es doch eines
gewesen.

Und gleichwie die Typhusbewegung in München nicht vom
Trinkwasser oder der individuellen Disposition oder Durchseuchung
abhängt, sondern von Grundwasserperioden, die wieder von Regen-

perioden bedingt sind, so haben erstere Factoren auch keinen
Einfluss in Indien auf die Cholerabewegung, sondern auch nur
die zeitlichen Regenperioden, wofür ich in meinen Untersuchungen zum gegenwärtigen Stand der Cholerafrage in den Ka-
piteln örtlich - zeitliche Disposition und individuelle Disposition
eine genügend grosse Zahl von Belegen beigebracht zu haben
glaube.

Wenn ein Ort viel Typhus oder Cholera hat, ist es für Fremde,
für noch nicht Durchseuchte gefährlich, sich an diesen Ort zu
begeben, aber wenn der Ort wenig von diesen Infectionskrankheiten hat, oder wenn eine Epidemie in zeitlicher Abnahme begriffen ist, so steigert sie sich nicht oder lebt nicht wieder auf,
wenn auch plötzlich viele noch nicht Durchseuchte in den Ort
kommen, und wenn bei einem solchen Zufluss von Fremden im
Orte eine Epidemie wieder auflebt, so ist nicht die Ankunft der
Fremden sondern der Ort selbst daran schuld.

Als im Herbste 1866 die Leipziger Messe unmittelbar nachdem die Epidemie ihren Höhepunkt erreicht hatte, begann und
sich die Einwohnerzahl von Leipzig während der Messe durch
Zugereiste geradezu verdoppelte, trat trotzdem ein rapider Abfall
der Epidemie ein.

Als 1873 Ende September in München alle Choleraflüchtlinge
zurückkehrten, nahm doch die Zahl der Erkrankungen den
ganzen October hindurch ab, so dass die Epidemie in der ersten
Hälfte des November officiell als erloschen erklärt wurde, und
als darnach die Winterepidemie ausbrach, welche viel grösser als
die Sommerepidemie wurde, erkrankten von den Sommercholera-
flüchtlingen nicht mehr als von Personen, welche München nie
verlassen hatten [1]).

Wenn epidemiologisch genau untersucht wird, geht es überall
wie in Leipzig, Fürth oder München. Es hat sich das nämliche
erst wieder im Jahre 1887 bei der heftigen Choleraepidemie in
Messina gezeigt. Die Stadt war trotz ihres grossen Verkehrs mit
verschiedenen Choleraorten während der Jahre 1884, 1885 und

---

1) Zum gegenwärtigen Stand der Cholerafrage. Choleraprophylaxis
Abschnitt 7 und 8.

1886 frei geblieben und wurde gleich Malta erst 1887 ergriffen. Schon im Sommer kamen eine Anzahl Cholerafälle vor, aber anfangs September hielt man die Krankheit für erloschen, weil während acht Tagen kein einziger neuer Fall mehr constatirt wurde. Jedoch, es ging in Messina im September 1887 genau so, wie im November 1873 in München, wo die Epidemie, unmittelbar nachdem man sie als erloschen erklärt hatte, mit der grössten Heftigkeit wieder ausbrach. In der Nacht vom 10. bis 11. September kamen in Messina plötzlich 18 Fälle vor, fast alle mit raschem tödlichem Ausgang; vom 11. September von morgens 9 Uhr bis zum nächsten Tage zur gleichen Stunde zählte man schon 115 Fälle und 48 Todte, vom 13. bis 14. 155, am folgenden Tage 250, am dritten Tage 451 tägliche Fälle.

Da unter den Opfern der Krankheit nicht bloss das Proletariat, sondern auch die besseren Stände vertreten waren (es war der Cabinetschef des Präfecten und der Questore, sowie mehrere Polizeibeamte, ja der Präfect selbst, darunter), so entstand eine wilde Choleraflucht. Der kaiserliche Consul Schneegans in Messina hat über diese Epidemie sehr interessante Mittheilungen gemacht und in seinem Berichte vom 21. September gesagt: »Viel schrecklicher als die sanitären sind die socialen und wirthschaftlichen Zustände in dieser von den dirigirenden Elementen verlassenen und wie ausgestorbenen Stadt. Ein Gesammtbild dieser Zustände lässt sich durch Zusammenstellung verschiedenartiger Details wohl andeuten, aber das ganze Bild kann sich Niemand vormalen, der es nicht mit eigenen Augen gesehen hat. Folgende Details mögen zur Charakterisirung der Lage dienen: Alle Wagen sind aus Messina verschwunden mit sammt Pferden und Kutschern; das Municipio versuchte Herrschaftswagen zu acquiriren, nur um die Aerzte in die Lage zu setzen, sich schleunigst zu den Kranken zu begeben; die Requisition blieb erfolglos und gestern mussten 20 Miethwagen aus Catania hergeschafft werden. — Fast alle Apotheken sind geschlossen; gestern kamen zwei Apotheker aus Palermo mit einer Ladung Arzneimittel an. — Sogar Todtengräber mussten gestern von Palermo requirirt werden, da die hiesigen, die Lage ausbeutend, jeden Abend den Dienst kündigten und

einen höheren Lohn herauspressten. — Die meisten Bäcker, Flei-
scher u. s. w. sind fort; man kann sich nicht mehr verprovian-
tiren; ich musste z. B. Eier, Butter, Fleischextract u. s. w. aus
Neapel kommen lassen. — Die gesammte innere Stadt ist geleert;
es bleiben nur die Beamten, die Aerzte und Krankenpfleger, die
fremden Familien und dann die brodlose, in unsagbarem Elende
verlorene untere Klasse; das Zwischenglied zwischen letzterer und
der Verwaltung ist verschwunden , zugleich aber auch die Möglichkeit einer wahren Besserung der Lage, denn jetzt ist man
schon in das Stadium getreten, wo die Cholera als eine Folge des
Hungers und des Elendes eintritt. — Ein besonderes Moment in
dieser Lage bildet die allgemeine Flucht der Dienstboten. Die
meisten deutschen Familien sind vollständig auf sich selbst redu-
cirt; auch mein Koch hat sich auf die Flucht begeben; man
hilft sich gegenseitig; ich könnte den Chef einer bedeutenden
Firma namhaft machen, der jeden Morgen persönlich den Fleisch-
einkauf für befreundete Familien besorgt. — Zur Charakterisirung
dieser Lage mag folgender Zwischenfall dienen, der sich nach
dem Tode des Präfecten zwischen mir und dem Consulatsdiener
abspielte. Als letzterer mir mit bestürzter Miene diese Meldung
brachte, sagte ich zu ihm: der Präfect ist auf seinem Posten gestorben, wie ein braver Soldat; so müssen wir Alle hier handeln!
»Wenn Sie mir zu bleiben befehlen, so bleibe ich« antwortete er.
Ich erwiderte: Nicht ich allein befehle es, sondern auch derjenige,
der mein Herr ist, Seine Majestät der Kaiser; wo mein Kaiser
mir zu bleiben befiehlt, da bleibe ich, und des Kaisers Diener
sind auch Sie! Da warf er sich, in südlichem Ueberwallen seiner
Gefühle zu meinen Füssen mit dem Ausrufe: »Dem Kaiser und
dem Consul bleibe ich treu!« — Die anderen Consulate sind
durch die Flucht ihrer Bediensteten beinahe lahm gelegt worden,
mehrere nicht mehr in der Lage, ihren Pflichten zu obliegen. —
Man erfährt nachträglich, dass auch vier namhafte Aerzte, Pro-
fessoren an der hiesigen medicinischen Facultät, geflohen sind.
Mit Einbruch der Nacht schliessen sich alle Häuser und die tiefe
Stille wird in schauerlicher Weise nur durch die unter dem lauten
Gejohle der betrunkenen Leichenträger durch die Strassen fahr-

enden Todtenkarren unterbrochen. — In den besonders inficirten
Quartieren spielen sich entsetzenerregende Scenen ab«.

Nach diesen Schilderungen wird man wohl glauben, dass der
grössere Theil der Bevölkerung Messina's die Flucht ergriffen
hatte. Schneegans schätzt, dass von den etwa 70000 Einwohnern der Stadt nur 30000 zurückgeblieben, somit 40000 geflohen waren. Unter den Zurückgebliebenen sind selbstverständlich die Mehrzahl ganz Arme, deren Zahl auf 20000 geschätzt
wird. Aber so schlimm die Zeiten und die Zustände geworden
waren, so ging die Epidemie doch verhältnismässig schnell vorüber, nach dem Gesetze, welches sich auch an so vielen anderen
Orten bemerklich macht, dass, je heftiger eine Epidemie auftritt,
sie um so kürzer dauert. Ich erinnere an die Epidemien in
München von 1854 und 1873/74 und an die Choleraausbrüche in
den Gefängnissen zu Laufen und Rebdorf. Die Epidemie von 1854
in München dauerte von Ende Juli bis Anfang October und
tödtete 24 Promille der Bevölkerung, die von 1873 von Ende
Juli bis April 1874 und tödtete nur 9 Promille. Die Epidemie
im Gefängnisse Laufen dauerte vom 29. November bis 18. Dezember 1873 und tödtete 159, die im Gefängnisse Rebdorf vom 22. November 1873 bis 7. Januar 1874 und tödtete nur 56 Promille.
»Die strengen Herrscher sind's, die kurz regieren«.

Schon am 4. October konnte nun auch der deutsche Consul
in Messina wieder berichten, »dass die Seuche in raschem Sinken
begriffen ist«. Man konnte in Messina sagen, die Epidemie
musste abnehmen, weil sich die individuelle Disposition erschöpft hatte, weil alle Dagebliebenen durchseucht waren. Aber
nun handelte es sich um die Rückkehr der zahlreichen Choleraflüchtlinge, vor welchem Zeitpunkte die Aerzte Messina's, die
selbstverständlich fast alle Contagionisten und Trinkwassertheoretiker waren, grosse Besorgnisse zu hegen nicht umhin konnten.
Die Cholera war ja in diesem Jahre in Messina ganz ausserordentlich ansteckend gewesen. In dem Berichte vom 4. October steht
noch: »Trotz der gebesserten Lage ist die Stadt immer noch von
der grossen Mehrzahl ihrer Bewohner verlassen. Ein einziges
Specerei- und Esswaarengeschäft z. B. ist offen geblieben, das

nun, die Verhältnisse ausbeutend, für die nothwendigsten Lebensmittel die unsinnigsten Preise fordert. »Die Aerzte erwarten ein neues Aufflackern der Krankheit, da die Flüchtlinge, besonders der niederen Stände, zurückzukehren beginnen, und auch bemerkt wird, dass mit Abnahme der Zahl der Fälle die Hygiene weniger beobachtet wird«. Aber schon vier Tage später heisst es in einem Berichte vom 8. October: »Die Stadt fängt an, sich wieder zu beleben, verschiedene Magazine werden von 10 bis 2 Uhr eröffnet. Von dem sogenannten Highlife ist jedoch noch Niemand zurückgekehrt«, und wieder zwei Tage darnach, am 10. Oktober, kann nach Berlin berichtet werden: »Trotzdem dass die Flüchtlinge in hellen Schaaren in die Stadt zurückkehren, hat sich die Zahl der Fälle auch in den letzten Tagen fortwährend verringert (vom 6. bis 9. Oktober 15, 12, 7 und 9, zusammen 43 Fälle.«

Während sonst ein einziger Cholerakranker oder auch nur sein Hemd genügt, um ganze Länder anzustecken, brachten diese 43 Fälle unter den zahlreich zurückgekehrten Choleraflüchtlingen doch nicht mehr das geringste Aufflackern der erlöschenden Ortsepidemie zu Stande. Die Cholera erlosch in Messina 1887 trotz der massenhaften Rückkehr der Choleraflüchtlinge ebenso, wie 1866 in Leipzig trotz des kolossalen Andranges der undurchseuchten Messfremden. Wenn der Ort seine Cholera zu verlieren beginnt, vermögen einzelne Kranke ankommende Gesunde nicht mehr anzustecken. Mithin ist den epidemiologischen Thatsachen gegenüber mit der Theorie von der individuellen Disposition und der Durchseuchung fast ebenso wenig, wie mit der Trinkwassertheorie auszurichten, und sind damit alle Mittel der Commission erschöpft, die von mir angenommene örtliche und örtlich-zeitliche Disposition durch etwas anderes zu ersetzen. Es bleibt nichts übrig als die Localität, von welcher die Infection der Menschen eine Zeit lang ausgeht und dann wieder verschwindet.

4. Prophylaktische Maassregeln.

Nach dem epidemiologischen Standpunkte der Commission liegt der Schwerpunkt der prophylaktischen Maassregeln gegen Epidemien im endemischen Choleragebiete und in Indien überhaupt im Trinkwasser, und ausserhalb·Indiens, z. B. in Aegypten, neben dem Trinkwasser in der Entdeckung und Isolirung der von auswärts kommenden Cholerakranken, der Desinfection ihrer Excremente und aller Gegenstände, an welchen solche haften können, von welchen aus nicht nur Gesunde direct angesteckt werden, sondern auch etwas ins Trinkwasser gelangen kann. Die erstere Aufgabe, für gute Wasserversorgung zu sorgen, wird auch jeder localistisch gesinnte Hygieniker und Epidemiologe überall zu lösen und zu fördern suchen, zwar nicht weil er darin ein Mittel gegen Cholera oder Typhus erblickt, aber weil gutes Wasser ein allgemeines Bedürfnis des Lebens und der Gesundheit ist; die letztere Aufgabe hingegen, welche sich namentlich der Conseil sanitaire maritime et quarantenaire in Aegypten und die meisten Regierungen des europäischen Continents gestellt haben, ist etwas Unnöthiges und Unnützes, unter Umständen sogar etwas Schäd-liches; ganz abgesehen davon, dass es Handel und Wandel be-schwert und sehr theuer ist.

a) Entwässerung, Kanalisation, Bodenreinigung.

Um einen Einfluss der Wasserversorgung auf die Abnahme der Cholera im Fort William und in der Stadt Calcutta zu sehen, muss man nach dem eben Mitgetheilten blind· sein gegen die anderwärts constatirten Folgen der Entwässerung, Kanalisation und Reinigung menschlicher Wohnstätten und ihres Bodens, welche ja auch im Fort William und in der Stadt Calcutta der besseren Wasserversorgung vorangegangen sind, und braucht man sich gar nicht zu wundern, dass sich schon einige Jahre später, als nun auch die Wasserleitung dazu kam, eine wesent-liche Abnahme der Cholerafrequenz zeigte, die sich aber in Cal-cutta ebenso gezeigt hätte, wie in München und Danzig sich die Abnahme der Typhusfrequenz gezeigt hat, ohne dass man der Wasserversorgung eine Rolle dabei zuschreiben kann. Die Coin-cidenz eines Choleraminimums im Jahre 1871 in Calcutta mit der 1869 ins Leben getretenen Wasserleitung kann ebenso eine zufällige Coincidenz sein, wie es eine gewesen wäre, wenn in München die Hochquellenleitung anstatt im Jahre 1883 schon im

Jahre 1881 eingeführt worden wäre, wo sie auch mit dem auffallenden plötzlichen Typhusminimum zusammengetroffen wäre.
Auch die Cholerafrequenz sank in der Grube in Haidhausen[1])
von 124 Promille bei der Epidemie von 1854 auf 6 Promille bei
der Epidemie von 1873, obschon die Wasserversorgung die nämliche geblieben war. Ich erinnere daher wiederholt an die oben
mitgetheilte Abnahme des in München endemischen Abdominaltyphus seit 1851, welche verhältnismässig noch grösser ist als die
Abnahme der Cholera in Calcutta, welche da von 1880 bis 1884
wieder viel mehr angestiegen ist, als der Typhus in München von
1881 bis 1887. Die Trinkwassertheorie ist ja auf Cholera und
Abdominaltyphus ganz gleichmässig anwendbar, und wenn an
einem Typhusorte wie München die Frequenz der Krankheit im
Laufe der Zeit so sinkt, wie es thatsächlich der Fall gewesen ist,
ohne dass man auch nur Spuren einer Betheiligung des Trinkwassers bemerken kann, so sollte man schon a priori schliessen,
dass auch die Abnahme der Cholera in Calcutta durch etwas
anderes, als durch Trinkwasser verursacht sein müsse. Aber die
Commission kennt nichts anderes, oder will nichts anderes kennen
als Trinkwasser, namentlich keinen Einfluss der Kanalisation zu-
gestehen, welche zunächst auf einen Einfluss des Bodens hinweisen würde. Es wird deshalb ausdrücklich gesagt[2]): »Man
könnte nun meinen, dass die Wendung zum besseren der oben
eingehend geschilderten Kanalisation der Stadt zuzuschreiben sei;
bei näherer Erwägung erscheint es indess ausgeschlossen, dass
durch dieselbe eine so plötzlich eintretende Wirkung erzielt sein
sollte. Im Jahre 1865 begonnen, ist der Bau der Kanalisation
seitdem stetig fortgeführt und man müsste darnach erwarten, dass
auch allmählich und stetig die Cholera abgenommen hätte. Gerade das Gegentheil aber ist der Fall gewesen. Die Abnahme
erfolgte plötzlich und trotz der immer vervollkommneten Kanalisation begann später die Seuche allmählich wieder zuzunehmen.«
      In diesen Worten ist die ganze Schwäche des epidemiolo-
gischen Standpunktes der Commission sehr fühlbar ausgedrückt.

---

1) Zum gegenwärtigen Stand der Cholerafrage S. 723.
2) Commissionsbericht S. 213.

Wenn man das Diagramm auf S. 211 des Reiseberichtes betrachtet, so findet man, dass im Jahre des Heiles 1869, wo am 1. November die neue Wasserleitung in Calcutta eröffnet wurde, nachdem bereits 1865 mit der Kanalisation begonnen worden war, · noch 3582 Menschen an Cholera starben, im Jahre 1870 nur 1558 und im Jahre 1871 gar nur mehr 796. Dieser plötzliche Sprung kann nach Ansicht der Commission nur durch filtrirtes Hooglywasser verursacht worden sein, und kann die Kanalisation keinen Einfluss gehabt haben, weil der Sprung von 1869 auf 1871 ein plötzlicher war.

Auf dem nämlichen Diagramme aber sieht man auch, dass so plötzliche Sprünge auch schon vor dem Entstehen der Wasserleitung vorgekommen sind. Im Jahre 1866 erfolgten 6826 Todesfälle, im Jahre 1867 nur 2270. 3582 verhält sich zu 796 wie 100 zu 22, und 6826 zu 2270 wie 100 zu 33, was kein sehr grosser Unterschied ist.

Im Jahre 1846, also noch viel früher, wo weder Kanalisation noch Wasserversorgung in Frage kommen, starben 6427, 1847 3041 und 1848 nur 2502. 6427 verhält sich zu 2502 wie 100 zu 38.

Dass in der Trinkwasserperiode von 1869 anfangend der plötzliche Abfall etwas grösser ist, als der von 1866 auf 1867 und der von 1846 auf 1848, kann ebensowohl von der 1865 beginnenden Kanalisation, als von der Wasserleitung im Jahre 1869, ja noch mit viel mehr Recht abgeleitet werden.

Diese Sprünge der Cholerabewegung, die auch bei der Typhusbewegung in München zu beobachten sind, kommen also auch ohne Kanalisation und ohne Wasserleitung vor, und wenn man sie mit einem dieser beiden sanitären Werke in Zusammenhang bringen will, so muss man bedenken, dass die Kanalisation ihrer Natur nach und der Bodentheorie entsprechend zwar allmählich zu wirken, aber die relative Zu- und Abnahme nicht plötzlich auszuschliessen vermag, wie wir es oben bei der Typhusbewegung von 1851 bis 1887 in München reichlich gesehen haben, dass hingegen die Wasserleitung ihrer Natur nach und der Trinkwassertheorie entsprechend nicht nur gleich anfangs plötzlich, sondern auch darnach gleichmässig dauernd wirken müsste.

Typhus und Cholera brauchen nicht in jedem Jahre in dem Maasse abzunehmen, als mehr Kilometer Kanäle gebaut werden, aber gemäss der Trinkwassertheorie müssten sie in dem Maasse abnehmen, als in jedem Jahre mehr Häuser an die Wasserleitung angeschlossen werden.

Die Commission hat sich nun in die üble Lage versetzt, dass sie gerade das, was man von der Wasserleitung verlangen muss, und von der Kanalisation nicht verlangen kann, von der Kanalisation verlangt, und die Wasserleitung ohne Grund von ihrer Pflicht dispensirt, unter Berufung darauf, dass auch der Health Officer Payne von Calcutta der nämlichen Ansicht sei. Die Worte »The health of the town has not kept pace with the progress of the drainage,« ist zwar der Spruch eines Trinkwasser-theoretikers, aber noch kein Beweis gegen den Nutzen der Kanalisation, welche ja weder den Typhusboden in München, noch den Choleraboden in Calcutta mit einem Schlage, in einem Jahre unfruchtbar machen kann, wenn sie auch schon zur Zeit, als Calcutta die Wasserleitung erhielt, in Wirksamkeit war, in welchem Jahre auch ohne Wasserleitung und ohne Kanalisation ein wesentlicher Abfall der Cholerafrequenz eintreten konnte, wie z. B. in den Jahren 1867 und 1848.

Mit viel mehr Recht, als die Commission die nach 1871 folgende steigende Cholerabewegung in Calcutta gegen den Nutzen der Kanalisation ausbeutet, kann man diesen Umstand gegen die Wasserversorgung benutzen und dazu fast sogar die Worte der Commission gebrauchen, wenn man nur anstatt Kanalisation Wasserleitung setzt. Man kann sagen: man könnte nun meinen, dass die Wendung zum besseren der eingehend geschilderten Wasserleitung der Stadt zuzuschreiben sei; bei näherer Erwägung erscheint es indess ausgeschlossen, dass durch dieselbe eine Wirkung erzielt sein sollte. Im Jahre 1869 begonnen, ist seitdem der Anschluss der Häuser an die Wasserleitung stetig fortgeführt worden, und müsste man demnach erwarten, dass auch allmählich und stetig die Cholera abgenommen hätte. Gerade das Gegentheil aber ist der Fall gewesen. Nach der plötzlichen Abnahme 1871, in welchem Jahre erst etwas über 1000 Häuser an die

Wasserleitung angeschlossen waren, stieg die Cholera wieder mit der Vermehrung der Anschlüsse der Häuser an die Wasserleitung, bis die Todesfälle im Jahre 1884, nachdem mehr als 10 000 Häuser angeschlossen waren, wieder das Dreifache der Zahl von 1871, dem Anfange der Wasserleitung, erreichte. »The whole history of Cholera in India negatives the drinking-water-theory«. Thatsachen gegen Thatsachen, Spruch gegen Spruch!

Vielleicht frägt man mich, wie ich mir denn von meinem localistischen Standpunkte aus dieses Sinken der Cholerafrequenz in Calcutta nach dem Jahre 1869 erkläre, und will ich, wenn die Commission auch nichts nach mir frägt, doch antworten. Jedenfalls kommt das Minimum im Jahre 1871 nicht von der Wasserleitung, denn es coincidirt ja nicht mit dem Maximum, sondern mit dem Minimum des Anschlusses der Häuser an dieselbe. Im Jahre 1884, wo zehnmal mehr Häuser an die Wasserleitung angeschlossen waren als im Jahre 1871, stieg die Cholera trotzdem wieder auf eine bedeutende Höhe. Die ersten Anschlüsse an die Wasserversorgung werden überdiess nicht seitens der ärmeren Bevölkerung, welche die meisten Cholerafälle liefert, sondern seitens der wohlhabenderen erfolgt sein, welche auch sonst auffallend wenig zu leiden hat.

Dass mit dem steigenden Mehrverbrauch von Leitungswasser doch auch die Cholera wieder stieg, betrachtet die Commission im Vereine mit englischen Trinkwassertheoretikern nicht als einen Beweis gegen ihre Theorie, sondern als einen Beweis dafür, und soll die Cholera seit 1880 nur wieder so gestiegen sein, weil z u v i e l Leitungswasser consumirt wurde, mehr als vorausgesehen war. »Schon im Jahre 1872 war die zur Verfügung stehende Wassermenge nicht mehr ausreichend, den naturgemäss bald sich steigernden Bedarf zu decken, so dass man sich im April des genannten Jahres gezwungen sah, von 6 Uhr abends bis 5 Uhr morgens das Wasser abzustellen«, und in seinem Berichte für das 4. Quartal 1886 äussert sich der Health Officer Dr. W. J. S i m p s o n, dass allerwärts Klage über Mangel an Leitungswasser

---

1) Reisebericht der Commission S. 219.

herrsche; es sei ein gewöhnliches Vorkommnis, Leute ringsum um einen Auslaufbrunnen (standpoint) gedrängt zu sehen, um ihre Wassergefässe zu füllen. Im Coomertolly-Distrikt habe er selbst gesehen, dass es eine Viertelstunde dauerte, bis ein kleiner Wasserkrug, der etwa 2 Gallonen (9 Liter) fasste, sich füllte.

Man muss daher fragen, wie viel Wasser denn die Wasserleitung liefert.

Zur Zeit der Anwesenheit der Commission in Calcutta im Jahre 1883 betrug die täglich gelieferte Wassermenge etwa 6 Millionen Gallonen [1]).

Aber, obschon die Calcuttaer nach einigen Jahren ihre ganze Wasserleitung leer trinken, nimmt doch die Cholera zu. Dass aber trotzdem das Choleraminimum anfangs der Siebziger Jahre, wo jedenfalls viel weniger getrunken wurde, doch von der Einführung der Wasserleitung herrühren müsse, ist eine Schlussfolgerung, deren Logik man nur fanatisirten Trinkwassertheoretikern verzeihen kann.

Im Jahre 1869 wurde aber nicht nur am 1. November die Wasserleitung eröffnet, sondern ereignete sich schon im Juni etwas, was auf den Choleraboden Calcutta's immer eine Wirkung äussert, wie ich schon wiederholt nachgewiesen habe [2]), was aber in diesem Jahre so ausserordentlich gross war, dass es sogar für einige Jahre nachwirken konnte. Dieses Ereignis hat die Commission selbst auf Tafel 23 graphisch dargestellt, wozu ihr der Trinkwassertheoretiker Macnamara·behilflich war.

Macnamara hat von den Jahren 1866 bis 1874 die täglichen Choleratodesfälle und die tägliche Regenmenge verzeichnet, was für ätiologische Studien ein höchst interessantes Bild gewährt.

Ich habe in meinen Untersuchungen zur örtlich-zeitlichen Disposition [3]) schon weitläufig auseinandergesetzt, dass die Bewegung der Cholerafrequenz in Indien von der örtlichen Regenmenge und ihrer zeitlichen Vertheilung beeinflusst wird, dass

---

1) Reisebericht der Commission S. 200.
2) Zum gegenwärtigen Stand der Cholerafrage S. 393.
3) Zum gegenwärtigen Stand der Cholerafrage S. 371.

Calcutta im Durchschnitte einer längeren Reihe von Jahren das
Maximum in der trockenen und heissen Zeit (Frühlingscholera,
wie es Bryden nannte) und das Minimum in der nassen und
heissen Zeit (Monsuncholera) hat, dass es in Lahore im Pendschab gerade umgekehrt ist, und dass Orte, deren Regenmenge
zwischen der von Calcutta und Lahore liegt, z. B. Madras, sowohl den Rythmus von Calcutta als auch den von Lahore
haben.

Ich habe ferner gezeigt, dass Orte, welche ausserhalb des
endemischen Bezirkes liegen, aber durchschnittlich analoge Regenmengen wie Calcutta haben, auch dem Cholerarythmus von Calcutta folgen, jedoch in einzelnen Jahren ausnahmsweise auch
starke Monsuncholera haben, wie z. B. Bombay[1]), und auch angegeben, wenn dieses eintritt. Es wäre zu wundern, wenn das,
was in Bombay hie und da vorkommt, in Calcutta gar nie vor-
käme. Auch in Calcutta kann es vorkommen, dass die Frühlingscholera, ebenso wie es in Lahore und Madras regelmässig
vorkommt, wegen zu grosser Trockenheit erlahmt, und bei mehr
Feuchtigkeit im Boden anfangs wieder etwas auflebt, und erst
bei weiter steigender Regenmenge, wie in Madras im October,
wieder zu sinken beginnt. Eine solche ausnahmsweise Monsuncholera findet sich auch im August 1868 in Calcutta, wo nach
einem sehr starken Regenfall am 12. August die Choleracurve
sich bis gegen Ende August merklich erhebt, um erst im September, der viele Regentage zählt, wieder zu sinken. Nach dem
Aufhören der Regen (October hat noch 3 Regentage, November
und December keinen einzigen, erst in den drei letzten Tagen
des Januar fällt ein Zoll Regen) entwickelt sich die gewöhnliche
Frühlingscholera sehr üppig, im Mai ihre Spitze erreichend. Am
9. Juni 1869 nun erfolgt ein Niederschlag von einer Höhe, wie
er auf der ganzen Tafel nicht mehr vorkommt.

Das Jahr 1868 war schon mit 91 englischen Zoll Regen ge-
segnet, während das vorhergehende Jahr nur 72 Zoll hatte, und
ging von diesem Wasserkapital im Boden sicherlich auch noch

---

1) Zum gegenwärtigen Stand der Cholerafrage S. 400.

etwas in das Jahr 1869 über. Das ganze Jahr 1869 hatte nur 62 Zoll Regen, aber am 9. Juni allein fielen davon 11 Zoll, also an einem einzigen Tage mehr als der 6. Theil des ganzen Jahres. Das mag den ohnehin nicht zu trockenen Boden recht gründlich ausgewaschen und die Cholerabacillen in tiefere Schichten hinabgeführt haben.

Nach dem vorausgegangenen nassen Jahre folgte daher nicht, wie auf den grossen Niederschlag im August 1868 eine vorübergehende Steigerung der Cholera, sondern eine rapide Abnahme.

Der Regen an und für sich allein ist ja kein entscheidendes Moment, sondern nur im Zusammenhang mit der Temperatur und dem Sättigungsdeficit der Luft, ferner mit der Bodenbeschaffenheit und dem Leben der Mikroorganismen im Boden. Der Zusammenhang dieser Factoren ist noch so wenig erforscht, dass man sich nicht wundern darf, viele Einzelheiten, scheinbare Ausnahmen von der allgemeinen Regel sich noch nicht erklären zu können, deren es aber noch viel mehr gibt, wenn man der contagionistischen oder der Trinkwassertheorie huldiget.

So finde ich auch die Bemerkung des Health Officer Dr. A. J. Payne [1]), »dass die jährliche Regenmenge keineswegs in einem regelmässigen Verhältnisse zur Ausbreitung der Cholera in Calcutta stehe«, sehr begreiflich. Es wäre allerdings höchst bequem, wenn man nur die jährliche Regenmenge und die jährliche Zahl der Todesfälle zu zählen und zu vergleichen brauchte, aber es kommt leider auch auf vorausgehende Jahre an, auf die Vertheilung der Summe des Jahres, auf die einzelnen Zeiten des Jahres und Anderes. Dr. Payne hat ganz vergessen, dass in Calcutta fast jedes Jahr die meisten Cholerafälle schon vor Eintritt der Regenzeit vorkommen, und daher dieser Regen des Jahres gar nicht auf die Hauptmenge der Cholerafälle des Jahres wirken kann. Der Vorgang ist ein viel complicirterer, als sich Dr. Payne vorzustellen geneigt ist.

Thatsache ist und bleibt, dass nach diesem auffallenden Niederschlage von 11 Zoll (279 mm) am 9. Juni 1869 die Cholera-

---

[1]) Reisebericht der Commission S. 231.

frequenz ganz auffallend abnahm, und auf einem auffallend niedrigen Stande auch in den Monaten Juli, August, September und
October blieb, und sich erst nach der Einführung der Wasserleitung am 1. November 1869 im Februar, März und April des
folgenden Jahres 1870 dem gewöhnlichen Rhythmus entsprechend
wieder etwas erhob, um mit Eintritt der Regenzeit wieder auf
ein dem vorausgehenden Jahre entsprechendes Minimum zu
sinken.

Das folgende Jahr 1871, welches das geringste Minimum
(790 Todesfälle) zeigte, hatte sogar 93 Zoll Niederschläge, coincidirt also dieses Choleraminimum wieder mit einem Regenmaximum.

Mir scheint der abnorme Regenfall am 9. Juni 1869 in Calcutta eine ähnliche Wirkung gehabt zu haben, wie der August-
regen (172 mm = 6,7 Zoll) 1873 in München, welcher die Sommerepidemie zum Erlöschen brachte, und sie so auffallend von der
Winterepidemie trennte [1]).

Dass auch nach 1871 die Cholera in Calcutta nicht mehr so
hoch stieg, wie in früheren Zeiten, muss ebenso als eine Folge
der 1865 begonnenen Kanalisation, überhaupt der Assanierung
des Bodens angesehen werden, wie die allmähliche Abnahme der
Typhusfrequenz in München mit dem Fortschreiten der Assanirungswerke und deren allmählicher Wirkung, ohne dass das Trinkwasser dabei den geringsten Antheil gehabt hat.

Gleichwie in München die Excursionen der Typhusfrequenz
trotz den gleichbleibenden Grundwasserbewegungen mit der Zeit
immer kleiner geworden sind, so werden auch in Calcutta die
Excursionen der Cholerafrequenz mit dem Fortschreiten der Kanalisation und Hausentwässerung kleiner werden, wenn die Stadt
auch keinen anderen Grund und Boden erhält und auch die
Regenverhältnisse wie früher bleiben.

Es spricht sich das in den auch von der Commission mitgetheilten Zahlen sehr deutlich aus. Ich will die jährlichen
Cholerazahlen von 1866 bis 1885 von Calcutta nebeneinander stellen.

---

1) Zum gegenwärtigen Stand der Cholerafrage S. 429.

1866	1867	1868	1869	1870	1871	1872	1873	1874	1875
6826	2270	4186	3582	1558	796	1102	1105	1245	1674

1876	1877	1878	1879	1880	1881	1882	1883	1884	1885
1851	1418	1338	1186	805	1693	2240	2037	2272	1603

Man sieht da deutlich eine sinkende Periode von 1866 bis 1871, wo sie das Minimum erreicht, dann steigt sie wieder bis 1876, was als eine Folge der abnorm trockenen Jahre 1872 und 1873 (51 und 45 Zoll Niederschläge) betrachtet werden kann. Erst der Monsun von 1876 brachte wieder eine hoch über dem Mittel stehende Regenmenge (80 Zoll = 2032 mm) und darnach beginnt wieder eine absteigende Periode mit fast derselben geringen Todtenzahl im Jahre 1880 (805), wie das vorausgegangene Minimum (796) im Jahre 1871.

Dieser Gang erinnert doch vielmehr an die Typhusperioden in München, als an einen Einfluss des Trinkwassers, welches weder in seiner Quantität, noch in seiner Qualität eine coincidirende Bewegung zeigt.

Dass das Maximum der Periode von 1871 bis 1876 und das Maximum der von 1880 bis 1884 nicht mehr so gross geworden ist, wie das vorausgehende von 1866, darf ebenso getrost der verbesserten Hausentwässerung durch die Kanalisation in Calcutta zugeschrieben werden, als es ihr in München zugeschrieben werden muss, dass auf der Höhe der Typhusperiode von 1876 bis 1879 nur mehr 109 und nicht 240 wie 1872 in der vorausgegangenen Periode oder gar 334 pro 100 000 wie 1858 gestorben sind.

Aber die Kanalisation von Calcutta soll nicht sehr gut, wenn vielleicht auch nicht so schlecht, wie die von Alexandria und Kairo sein. Sie soll auch nicht sehr ausgedehnt sein. Ob die Wasserleitung eine wesentlich grössere Ausdehnung als die Kanalisation hat, wird nicht angegeben, aber es ist mir nicht wahrscheinlich.

Die Commission sagt [1]: »Um die Verhältnisse richtig zu würdigen, muss man sich zunächst vergegenwärtigen, dass die

---

[1) Reisebericht der Commission S. 214.

Kanäle nicht bestimmt sind, die Fäcalien aufzunehmen. Diese werden vielmehr nach wie vor durch die sog. »Mehter« aus den Häusern abgeholt und in besondere Depots gebracht, von wo aus sie abgefahren werden.«

Ich war nie in Calcutta, habe also weder die dortige Kanalisation, noch die dortigen »Mehter« gesehen, zweifle aber sehr, dass deren Geschäft in den mit Kanalisation verbundenen Häusern wesentlich im Abholen der Excremente der Menschen besteht: glaube vielmehr, dass sich das Geschäft wesentlich auf trockene, und nicht schwemmbare Abfälle des Haushaltes beschränken wird. In diesen Häusern wohnen jedenfalls sehr viele Engländer, und ich zweifle, dass diese in Calcutta auf ihr geliebtes Watercloset verzichten. Watercloset ist mit Aufsammlung der Excremente in Gruben oder Fässern unvereinbar. Man rechnet für ein Watercloset pro Kopf und Tag mindestens 10 Liter Wasser. Wie oft müssten da im Tage und in der Woche die »Mehter« abfahren. Wo in der Welt man Watercloset eingerichtet hat, ohne die Fäcalien gleich in die Siele zu schwemmen, musste man Gruben mit Ueberlauf (wie z. B. in Wiesbaden) oder Fässer mit Ueberlauf (Diviseurs) anwenden, und wäre es ein reiner Humbug, wenn man behauptete, dass in diesen Fällen die Kanäle, wenn solche vorhanden sind, die Fäcalien nicht aufnehmen. Es kommen die Excremente allerdings nicht im frischen, aber doch in einem in Zersetzung übergegangenen Zustande in die Kanäle. Wenn man solche mit Waterclosets verbundene Gruben untersucht, so findet man sie stets voll von stinkender Flüssigkeit, die irgend wohin abläuft, und in guten Diviseurs, wenn sie auch lange gebraucht worden sind, findet man fast nichts als Papier. Das Verbot, die Waterclosets nicht in die Siele münden zu lassen, ist nur ein schlechtes Schwemmsystem mit schädlichen Hindernissen. Dass das für Calcutta eine Thorheit wäre, wenn diese Verordnung dort bestehen sollte, geht aus den Angaben der Commission selbst hervor[1]), welche sagt, dass nach Mittheilung des auf der am Ende des Sielnetzes befindlichen Pumpstation

_____

1) a. a. O. S. 203.

anwesenden Bramten schon in der trockenen (regenlosen) Jahreszeit aus dem Kanalsystem täglich etwa 11 Millionen Gallonen und
während der Regenzeit sogar bis zu 30 Millionen Spüljauche gepumpt werden. Harn und Koth eines Durchschnittsmenschen
pro Tag zu 1½ Kilo oder 1½ Liter genommen, dürften die Excremente aller 400 000 Einwohner Calcutta's, auch derer, welche
ausserhalb des Kanalsystems leben, in die 11 Millionen Gallonen
(60 Millionen Liter) Spüljauche, welche zur trockenen Zeit in die
high-level Leitung gepumpt wird, gegossen werden, ohne den
Schmutz dieser Jauche viel zu vermehren, oder die Pumpen zu
überanstrengen.

Nach der Beschreibung, welche die Commission von der Beschaffenheit und dem Geruche dieser Spüljauche macht, scheint
es doch, dass durch die Kanalisation sehr viel Unrath aus der
Stadt geschafft wird, welcher sonst unmittelbar in oder an den
Häusern und Strassen blieb. Selbst Cholerabacillen fanden sich
keine darin, die nur das Reiswasser im Darme der Cholerakranken oder ein Wasser zu lieben scheinen, wie es sich z. B. in
dem Teiche oder Tank von Saheb-Bagan findet.

Dass die Kanalisation von Calcutta die Cholera nicht mit
e i n e m Schlage aus der Stadt zu vertreiben, sondern sie nur
wesentlich zu vermindern vermag, ist selbstverständlich: auch die
Kanalisation ist ebenso wie die Wasserversorgung nicht nur der
Ausdehnung, sondern auch noch der Verbesserung fähig und
bedürftig, worauf ich bereits in meinen Untersuchungen zum
gegenwärtigen Stand der Cholerafrage hingewiesen habe [1]. Als
es sich im Jahre 1884, nachdem die Commission schon längst
abgereist war, wieder so verschlimmert hatte, dass in diesem
Jahre 2272 Todesfälle vorkamen, fragte sich die Stadtverwaltung
ernstlich, ob denn die grossen Opfer, welche sie für Kanalisation
und Wasserversorgung gebracht hatte, ganz werthlos seien? An
der Wasserversorgung konnte man keinen Makel finden, die so
gut, ja noch besser als im Jahre 1870 befunden wurde, aber bei
Untersuchung der Kanalisation, welche 1865 begonnen worden

---

1) a. a. O. S. 246.

war, haben sich ganz unerwartete Missstände ergeben [1]). Das Kanalsystem leidet theils an schwachem Gefälle, der ebenen Lage Calcutta's entsprechend, weshalb auch die Pumpstation nothwendig wurde, hauptsächlich aber an mangelhafter Spülung, die nun nachträglich verbessert werden soll. Ich aber bin überzeugt, dass die Cholera in Calcutta von 1880 bis 1884 ebenso gestiegen wäre, wenn man auch an der Kanalisation ebenso wenig Mängel, wie an der Wasserversorgung gefunden hätte, denn bereits im Jahre 1885 ging die Cholera, ohne dass etwas geschehen war, von 2272 Todesfällen wieder auf 1603 herab. Es hängt das mit dem periodenweisen An- und Abschwellen der Cholerafrequenz in ganz Niederbengalen zusammen, wie es die Commission auf ihrer Tafel 25 so anschaulich gemacht hat. Diese Cholerawogen, wie die Autochthonisten sagen, wälzen sich natürlich auch trotz Wasserleitung und Kanalisation über die Stadt Calcutta, wie auch die Cholerafrequenz von 1871 bis 1880, obschon in geringerem Grade, zeigte.

Dass man auch mit der besten Kanalisation die Empfänglichkeit eines Ortes für Cholera nicht sofort tilgen, die zeitliche Disposition ihm nicht ganz benehmen kann, davon hat die Insel Malta im vergangenen Jahre 1887 ein sehr lehrreiches Beispiel geliefert, worüber ich meinem Freunde Dr. Salvatore Luigi Pisani, zur Zeit Chief-Government-Medical-Officer in Valetta werthvolle Mittheilungen verdanke.

Die Städte und die Kasernen auf Malta gehören bekanntlich zu den interessanten Orten, in welchen selbst die englischen Trinkwassertheoretiker die Choleraepidemien noch nie vom Trinkwasser abzuleiten vermochten [2]). Seit 1865, wo eine heftige Epidemie herrschte, war die Cholera nur im Jahre 1867 sporadisch und von da bis 1887 trotz des unausgesetzten Verkehrs mit dem Orient, mit Asien und Afrika und mit vielen cholerainficirten Häfen des Mittelmeeres nicht mehr gesehen worden.

---

1) Journal of the Health Society for Calcutta and its suburbs. Vol. I part III and IV May and June 1885.

2) Die Choleraepidemien auf Malta und Gozo. Zeitschrift für Biologie Bd. 6 S. 179.

Diese Immunität bis zum Jahre 1887 glaubte man theils den grossen sanitären Verbesserungen, theils der Quarantäne zuschreiben zu dürfen. Seit 1865 hat die englische Regierung, wie mir mitgetheilt wird, auf Kanalisation, Wasserversorgung, Kasern- und Hafenbauten, Verbesserung der Strassen und Wohnungen und Quarantänen gegen eine Million Pfund Sterling verwendet. Namentlich wurde die Kanalisation sehr verbessert, die früher in den porösen Sandstein geschnittenen Abzugskanäle wurden durch wasserdichte Steinzeugkanäle ersetzt und diese münden nicht mehr wie früher in die Häfen, sondern ausserhalb derselben mit Hilfe von Pumpstationen südlich ins freie Meer.

Nach einem Berichte des Lieutenant Governor Walter Hely-Hutschinson[1]) kamen vom 1. August 1887, wo die Epidemie constatirt war, bis zum 26. September, wonach nur mehr wenige Fälle sich ereigneten, 412 Erkrankungen und 261 Todesfälle vor. In den befestigten Städten Valetta, Floriana, Vittoriosa, Senglea und Cospicua, welche kanalisirt und mit gutem Wasser versorgt sind, mit zusammen 57 000 Einwohnern, kamen 77 Todesfälle vor = 1,35 Promille. Unter den britischen Truppen (etwa 5000 Mann) kam nur ein Fall vor und in der gesammten Marine zwei Fälle bei Soldaten und einer bei einem Matrosen.

Heftiger trat die Epidemie in den Dörfern der Insel auf. In den drei weder kanalisirten, noch mit Wasserleitung versehenen Dörfern Zabbar, Zeitun und Curmi mit zusammen 17 000 Einwohnern kamen 111 Todesfälle = 6,53 Promille vor.

Es war demnach die Epidemie von 1887 wohl eine sehr schwache, aber es war doch wieder eine Epidemie, und man beklagte sich in Malta 1887 ebenso wie in Calcutta 1884, dass alle sanitary improvements, die so viel Geld gekostet, doch nichts gefruchtet haben, dass die örtliche Disposition für den eingeschleppten Cholerakeim — man weiss auch in Malta ebenso wenig wie in Damiette, Kairo oder Alexandria, oder in Toulon, wie der Keim auf die Insel kam — doch nicht verschwunden war.

Seine Excellenz der Governor forderte unter dem 12. November 1887 alle Malteser auf, »to enquire and report in what manner

---

1) Note on the present prevalence and extent of Cholera in Malta.

Cholera was introduced into the Island«, und setzte eine Commission aus 12 Mitgliedern unter dem Präsidium des Chief-Government - Medical - Officer ein, welche alle Angaben prüfen sollte, aber es kam nichts zur Anzeige.

Der Verlauf der diesmaligen Epidemie auf Malta zeigt übrigens doch, dass das viele Geld für sanitary improvements nicht umsonst ausgegeben war, wenn man die Cholerasterblichkeit in den kanalisirten Städten und den nicht kanalisirten Dörfern im Jahre 1887 mit der im Jahre 1865 vergleicht. In den Städten starben damals 11,4 und in den drei genannten Dörfern 14,0 Promille. Der Unterschied zwischen Stadt und Land war nicht gross. Namentlich litt auch die Garnison in hohem Grade (19 Promille). Die Epidemie von 1887 war also offenbar viel weniger intensiv, als die von 1865.

Um wie viel sie im allgemeinen schwächer war, d. h. um wie viel nach localistischer Auffassung die örtlich-zeitliche Disposition 1887 weniger, als 1865 entwickelt war, lässt sich am besten nach dem Verhältnisse beurtheilen, in welchem die Krankheit jedesmal in den Dörfern auftrat, wo sich nichts geändert hatte, wo alles beim alten geblieben war.

Wenn man nun die Proportion zwischen Dorf und Stadt ansetzt, so berechnet sich ein ganz merkwürdiges Resultat, denn 14,0 (1865 in den Dörfern) verhält sich zu 6,53 (1887 in den Dörfern), wie 11,4 (1865 in den Städten) zu x (in den Städten 1887), und da ergibt sich x zu 5,32. Wenn die Kanalisation in den Städten nichts genützt hätte, so hätten somit 1887 in den Städten anstatt 1,35 Promille 5,32, also viermal mehr sterben müssen. Von der fast vollständigen Immunität der Garnison und der Marine will ich gar nicht sprechen.

Die Malteser können demnach mit dem Resultate des Jahres 1887 sehr zufrieden sein und sogar hoffen, dass es bei einer immerhin noch möglichen künftigen Heimsuchung noch viel günstiger wird.

Gibraltar, wo seit 1865 die sanitären Werke auch ebenso durchgeführt worden sind, wie in Malta, ist allerdings noch glücklicher gewesen. Bei der heftigen Epidemie, welche Spanien im

Jahre 1885 hatte, ging Gibraltar fast leer aus, es kamen dort nur ein paar Dutzend Fälle vor, während die Epidemie in der Nähe wüthete. Warum bei den ganz gleichen Maassregeln der Choleraboden von Gibraltar früher als der von Malta ganz unfruchtbar geworden ist, hat wahrscheinlich einen sehr einfachen Grund. Die jährliche Regenmenge von Gibraltar beträgt 40 Zoll (1016 mm) und die von Malta nur 20 (508 mm). Wenn somit der Boden auch ganz gleich beschaffen wäre, so müsste der von Gibraltar doch früher ausgewaschen und gereinigt werden, als der von Malta.

Dass auch 1887 die Cholera auf Malta trotz Quarantäne auftrat, und dass an dem milden Auftreten der Krankheit diese auch keinen Antheil hatte, davon werde ich noch weiter unten handeln, wenn ich von den Quarantänen als einer unnützen prophylaktischen Maassregel sprechen werde.

b) Abkochen und Filtriren des Trinkwassers.

Ganz kurz sei hier einer prophylaktischen Maassregel gedacht, welche mit der Trinkwassertheorie steht und fällt, nämlich der ausschliessliche Genuss gekochten oder filtrirten Wassers. Wenn das Abkochen alles Trink- und Nutzwassers, was in einem Hause gebraucht wird, gegen Typhus- und Choleraepidemien schützen könnte, so wäre es ja kinderleicht, diese Epidemien zu verhindern, und brauchten nicht so viele Millionen Geld für bessere Wasserversorgungen ausgegeben werden. Da aber die Ursache der Epidemien nicht im Trinkwasser liegt, so hilft selbstverständlich auch das Kochen desselben nichts.

Ein Beispiel dieser Art hat jüngst wieder die Stadt Messina geliefert. Bald nach dem Ausbruch der heftigen Cholera-Nachepidemie im September 1887 wurde allgemein angeordnet, dass nur gekochtes Wasser zum Genusse dienen soll. Es wird das ausdrücklich in einem Berichte des dortigen deutschen Consuls vom 14. September betont. »Alles Wasser für den Tisch- und Hausbedarf wird gekocht.« Die Epidemie erreichte trotzdem ihre gewaltige Höhe. Da kann man nun sagen, dass vielleicht viele Messiner es versäumt haben werden, dem wohlge-

meinten Rathe der Behörden und dem Beispiele der Einsichtigen
zu folgen, aber es ist nicht ermittelt worden, wie viele von denen,
die das Wasser gekocht haben, doch der Cholera erlagen. — Das
hindert aber nicht, dass in dem Consulatsberichte vom 4. October,
in welchem die Abnahme der Epidemie angezeigt wird, das Abkochen des Wassers doch wieder unter den Maassregeln aufge-
führt wird, von welchen das Verschwinden der Epidemie abzuleiten sei.

Das Schliessen von Brunnen in Cholera- und Typhusdistrikten
hat denselben Werth wie das Abkochen des Wassers. Es erfolgt
aber in der Regel weniger pro- als vielmehr metaphylaktisch.
Wenn ein epidemischer Ausbruch länger dauert und nicht aufhören will, lässt man endlich den verdächtigen Brunnen schliessen,
und darnach tritt Ruhe ein, wie z. B. 1854 in Golden Square,
als man den Brunnen vor dem Hause No. 40 in Broadstreet
schloss, was am 8. September geschah, nachdem die Epidemie
ohnehin bereits auf einem Minimum angelangt war[1]). Ebenso
verschwinden auch Epidemien, wenn man den Brunnen nicht
schliesst und sein Wasser ungekocht fortgeniesst. Wer die Broad-
streetpumpe heutzutage noch als einen Beweis für die Trinkwassertheorie citiren will, den verweise ich auf den heftigen Cholera-
ausbruch in der Gefangenanstalt Laufen, der viel Aehnlichkeit
mit dem in Golden Square hat, aber ohne Trinkwasser erklärt
werden muss[2]).

c) Beschränkung des Verkehrs zu Lande.

Dass alle Maassregeln, welche eine Beschränkung des Verkehrs zwischen inficirten und nicht inficirten Orten, auch des
Verkehrs innerhalb inficirter Orte bezwecken, keinen praktischen
Erfolg haben, davon führt die Commission eine Reihe von Bei-
spielen theils aus dem Hedschaz, theils aus Aegypten an.

Als trotz Conseil sanitaire maritime et quarantenaire in Damiette am 19. Juni 1883 der erste Cholerafall vorkam, wurde

---

1) Zum gegenwärtigen Stand der Cholerafrage S. 189.
2) Berichte der Choleracommission für das deutsche Reich 2. Heft S. 74
und zum gegenwärtigen Stand der Cholerafrage S. 191.

am 24. Juni der Eisenbahnverkehr mit Mansurah eingestellt, ein militärischer Kordon um die Stadt gezogen, dem am 27. Juni allerdings erst 200, aber am 30. Juni doch schon 400 Mann Soldaten zu Gebote standen. Der Kordon liess nichts hinaus und nichts herein, was auch nur im geringsten verdächtig war, er hielt sogar eine Sendung Chlorkalk, womit man in Damiette desinficiren sollte, drei Tage lang zurück. Die schwerstbetroffenen Häusercomplexe in Damiette wurden evacuirt, viele Hütten niedergebrannt, Depots für Felle und Knochen geschlossen, Kleider, Lumpen und Matten der Verstorbenen verbrannt, die Leichentransportkästen nach jedem Gebrauche mit Chlorkalk und Carbolsäure gewaschen, die Leichen im Grabe mit Aetzkalk bestreut und die Gräber hermetisch mit Gypsguss verschlossen, Tag und Nacht brannten auf den Strassen Feuer, die mit getheertem Holze genährt wurden, man liess sogar Cisternenwasser anstatt Nilwasser trinken und ordnete noch vieles Andere an, — und doch half Alles nichts, die eigensinnige und launenhafte Cholera trieb es in Damiette ebenso, wie in anderen Orten, erreichte bis 1. Juli rasch ihre Höhe und fing von da ab an, langsam abzunehmen, um am 13. August zu erlöschen, nachdem sie 1929 Opfer (55 Promille der Bevölkerung) hinweggerafft hatte, ja Dr. Mahé meint, man dürfe die Zahl der angemeldeten Todesfälle in Aegypten überhaupt noch mit 2 multipliciren, wenn man der Wahrheit nahe kommen wolle.

Chaffey und Ferrari, welche dem Conseil sanitaire maritime et quarantenaire Bericht zu erstatten hatten, erklären aber diesen Misserfolg auf die leichteste Art, indem sie angeben, von all dem sei nichts geschehen, es hätten z. B. die Todtengräber und Maurer den Kalk und den Gyps lieber verkauft, anstatt ihn bei den Begräbnissen zu verwenden; sie scheinen nur sich selber damit geschützt zu haben, denn von den vielen Todtengräbern und Leichenwäschern soll kein einziger an Cholera gestorben sein, wie auch die Commission anführt.

Aehnliche Maassregeln sind in Aegypten überall, wo sich die Cholera zeigte, ergriffen worden, und in den Orten, in welchen sich die Cholera nur wenig verbreitete, wie z. B. in Rosette,

8*

Port Said, Suez, Alexandria könnte man sagen, haben sie geholfen, in anderen, wie z. B. in Kairo haben sie nichts geholfen.
Ob in Rosette die Maassregeln besser ausgeführt worden sind,
als in Damiette, hat die Commission ebensowenig in Erfahrung
bringen können, als ob man in Rosette ein besseres Wasser als
in Damiette zu trinken hatte, jedenfalls sind in Rosette 1883
nicht so viel Cholerabacillen ins Trinkwasser gegangen, wie
1865.   Die Cholerabacillen scheinen die nämlichen Launen wie
die Choleraepidemien zu haben.

In Alexandria kam der erste Fall am 2. Juli vor.   Bett-
wäsche und Haus dieses tödlich endenden Falles wurde desinficirt, die Bewohner des Hauses mussten 7 Tage in Gabarri
Quarantäne halten. Die umliegenden verdächtigen Häuser wurden
mit Sanitätskordonen umstellt.   Als Mitte des Monats die Cholera
auch in Kairo ausbrach, wurde am 17. Juli ein Schutzkordon
um ganz Alexandria gezogen, der erst am 13. August als nutzlos
wieder aufgehoben wurde.   Reisende, welche von oder über Kairo
kamen, wurden unter Umgehung der Stadt nach Gabarri in
Quarantäne und von dort alsbald an Bord der Schiffe geschafft.
Ständigen Bewohnern der Stadt durfte der Zutritt in dieselbe
ohne Weiteres durch den Gouverneur gestattet werden, während
zureisende fremde Personen vorher eine siebentägige Quarantäne
zu Mex durchzumachen hatten.   Mit der Eisenbahn wurden Ver-
einbarungen dahin getroffen, dass Fahrbillets auf den Stationen
im Innern in keiner grösseren Anzahl verabreicht werden sollten,
als den in den Quarantäneanstalten disponiblen Plätzen entsprechen würde. — Als jedoch diese Maassregeln die Entwickelung der Epidemie in Alexandria nicht hinderten, verlegte man
sich aufs Evacuiren schlechter Quartiere, musste aber gerade das
I. Quartier, wo die muhamedanische Bevölkerung dichtest gedrängt unter den ungünstigsten Verhältnissen lebte, unevacuirt
lassen, weil zehn- bis zwölftausend Personen anderweitig unter-
zubringen gewesen wären, was eben einfach nicht möglich war.
Merkwürdiger Weise blieb aber gerade dieses nicht evacuirte
I. Quartier von der Cholera viel mehr als alle anderen verschont,
namentlich mehr als das III. Quartier, aus welchem über 350

Familien, aus etwa 1000 Personen bestehend, evacuirt worden waren. Das I. Quartier (46 474 Einwohner) hatte 81, das III. Quartier (45 604 Einwohner) 277 Choleratodesfälle.

Auch in Kairo machte man's ähnlich wie in Damiette und in Alexandria, auch da liess man die aus inficirten Orten Kommenden Anfangs 10 Tage in Zelten Quarantäne halten. Denjenigen Häusern, in welchen derartige Personen abgestiegen waren, widmete man besondere Sorgfalt. Nach gründlicher Desinfection derselben wurden die Abtrittgruben mit concentrirter Eisensulfatlösung ebenfalls desinficirt und geschlossen. Vor der Thür dieser Häuser standen Tag und Nacht während eines Zeitraumes von 10 Tagen Polizeiposten, welche angewiesen waren, die Bewohner vollständig von der übrigen Bevölkerung abgesperrt zu halten u. s. w.

Die Gerbereien desinficirte man und schloss sie dann völlig für die Zeit der Epidemie. Die vorhandenen frischen Häute wurden mit Erde und gebranntem Kalk bedeckt und besondere Instructionen für die Behandlung, Desinfection und Unterbringung der aus dem Schlachthause kommenden Häute gegeben. Die Commission sagt[1]): »Das waren die Maassregeln, mit welchen man dem Ausbruche der Epidemie zu begegnen suchte. Wie man sieht, wurden die ausserordentlichen, mit der Art der Wasserversorgung verbundenen Gefahren in keiner Weise durch sie abgeschwächt. Trotz aller Vorsichtsmaassregeln kam denn auch bereits gegen Mitte Juli die Krankheit in der Vorstadt Boulacq zum Ausbruch. Auf welchem Wege der Keim dahin gelangt ist, hat nicht aufgeklärt werden können.«

Die Commission lässt unschwer erkennen, dass diesen Thatsachen gegenüber auch sie von Militärcordonen und anderen Beschränkungen des Verkehrs zu Lande sich nicht viel verspreche, aber auf Ueberwachung und Beschränkung des Seeverkehrs, auf Quarantänen scheint sie mehr Hoffnung zu setzen, weil sie dem sparsamen Vorkommen der Cholera auf Schiffen so eifrig nachforscht.

---

1) S. 56.

Es thut mir leid, ihr auch da nicht beistimmen zu können, jedoch bevor ich darauf eingehe, möchte ich noch einige von der Commission mitgetheilte interessante Thatsachen besprechen, welche mit der Ausbreitung der Cholera zu Lande, namentlich von dem Pilgerorte Mekka aus zusammenhängen.

Nach Stekoulis (siehe die oben Seite 4 und 5 mitgetheilten Tabellen I und II) hatte die Stadt Mekka seit 1831, in welchem Jahre die Cholera dort das erste Mal erschien, 4, nach Mahé 5 grössere Epidemien (1831, 46, 65, 77 und 1881) und 14 kleinere Ausbrüche (1838, 39, 40, 48, 50, 52, 56, 58, 62, 71, 72, 82, 83 und 1884). Die Commission bemerkt dazu sehr richtig[1]: »Ob in den als cholerafrei aufgeführten Jahren zum Theil nicht auch kleine Epidemien sich abgespielt haben (wäre vielleicht besser gesagt: ob nicht auch da einzelne Cholerafälle vorgekommen sind), muss dahingestellt bleiben. Bei der in früheren Zeiten gänzlich unzuverlässigen, auch heute noch sehr mangelhaften Registrirung der Todesfälle ist das jedenfalls nicht ausgeschlossen.« Bei der grossen Nähe von Indien und der grossen Anzahl der indischen Pilger (im Jahre 1882 waren von 22513 zu Schiff angelangten Pilgern 14066 aus Britisch- und Holländisch-Indien) wird Jedermann, er mag Contagionist oder Localist sein, der Commission beistimmen. Ganz vereinzelt bleibende Fälle werden wie überall, so auch in Mekka, nicht gleich als Fälle von asiatischer Cholera, obschon sie sich in Asien ereignen, sondern als cholera nostras, oder diarrhoea, bowels complaint, debility u. s. w. registrirt worden sein und auch künftig registrirt werden, wenn nicht eine grosse Zahl Bacteriologen in Mekka, Medina und Dscheddah angestellt werden, welche alle Diarrhöen genau zu untersuchen haben. Es ist ja ein grosser diagnostischer, wenn auch kein prophylaktischer Fortschritt, dass man jetzt den Koch'schen Vibrio von dem Finkler-Prior'schen und anderen unterscheiden kann. Es würde sich bestimmt ergeben, dass der Cholerabacillus jedes Jahr, wenn auch nur in einzelnen wenigen Fällen in Mekka vor und während des Kurban Beiram-Festes sich finden würde.

---

[1] Reisebericht S. 128.

Dass er nur hie und da Lust zeigt, die Pilger epidemisch zu ergreifen, ist eben eine seiner unerklärlichen Launen, die aber nicht
von den Pilgern abgeleitet werden kann, sondern in Mekka und
im Hedschaz selbst gesucht werden muss. Den aus der ganzen
muhamedanischen Welt zusammengeströmten, vielfach durch
Armuth und hohes Alter geschwächten Pilgern kann jedesmal
weder die individuelle Disposition fehlen, noch können sie als
durchseucht angesehen werden, da mindestens die Hälfte aus
Orten kommt, welche kurze Zeit vorher keine Choleraepidemien
durchgemacht haben.

Der Pilgerort Mekka in Arabien ist nicht minder als der
Pilgerort Hardwar in Indien ein grossartiges, an Menschen ge-
machtes Experiment, um zu entscheiden, ob die Cholera als eine
ansteckende Krankheit zu betrachten ist oder nicht. Von jedem
Arzte, der nur einmal eine Choleraepidemie gesehen hat, wenn er
auch an unmittelbare Ansteckung von den Kranken aus glaubt, wird
die Cholera doch als keine so ansteckende Krankheit wie Pocken,
Scharlach oder Erysipel angesehen werden. Da nun unter den
Pilgern in Mekka und Hardwar jedesmal auch Fälle von diesen
Krankheiten vorkommen, so muss es doch im höchsten Grade
auffallen, dass weder in Mekka noch in Hardwar auch nur entfernt z. B. solche massenhafte Pockenausbrüche, wie Choleraausbrüche vorgekommen sind. Die Ursache des nur zeitweisen
Epidemisirens der Cholera unter den Pilgern muss daher von
vornherein vernünftiger Weise ausserhalb der Personen, in den
Orten selbst gesucht werden. Ich verweise auf das, was ich bereits über die Pilgercholera in Indien gesagt habe[1]):

»Ein Ort wie Hardwar, wo vom 15. März bis 15. April (1867) 3 Millionen
Menschen versammelt waren, unter welchen im Ganzen nur 19 Cholerafälle
beobachtet wurden und wo auch nach Abzug der Pilger unter den 19000
zurückbleibenden ansässigen Einwohnern keine Epidemie ausbricht, kann
kein Infectionsherd gewesen sein, und so wenig die Pilger die Cholera in
Hardwar zurückgelassen haben, noch viel weniger konnten sie dieselbe
in die Orte, durch welche sie zogen, hineintragen. Die Pilgercholera
muss so erklärt werden, wie sie Bryden, James Cuningham und Bellew
erklären, nämlich, dass die hochdisponirten Individuen Orte und Gegenden

---

1) Zum gegenwärtigen Stand der Cholerafrage S. 634.

durchzogen, in welchen sich der locale Infectionsstoff eben zu entwickeln begann, und an welchem die Pilger theilweise sogar früher und mehr, als die Ansässigen in dem Maasse erkrankten, als sie individuell mehr disponirt waren, als diese. Wo oder solange in einem Orte die zeitliche Disposition sich nicht eingestellt hatte, brachten auch die ersten frisch von Hardwar kommenden Pilger keine Cholera, während bei später Ankommenden und Ortsständigen die Krankheit oft gleichzeitig ausbrach, sich aber mit Vorliebe, wie sonst in anderen Orten auf die Armen, auf die armen Pilger warf. B r y d e n sagt daher ganz mit Recht: Ich glaube, dass die geographische Verbreitung der Cholera im Jahre 1867 keine andere gewesen wäre, wenn keine Pilgerversammlung in Hardwar stattgefunden hätte.‹

Damit hat B r y d e n nicht gesagt, dass im Jahre 1867 nicht weniger Menschen an Cholera gestorben wären, wenn keine Versammlung in Hardwar stattgefunden hätte. Je mehr Pilger, desto mehr disponirte Personen in den Choleraorten. Um wie viel die Pilger mehr disponirt sind, als die Daheimbleibenden, davon hat B e l l e w ein Beispiel mitgetheilt[1]). 1879 herrschte gleichzeitig Cholera unter den Hardwarpilgern und in Sirsa, einem Distrikte des Pendschab. Von den 210795 Einwohnern des Distriktes waren 2935 nach Hardwar gepilgert, von welchen auf dem Heimwege 31 Promille an Cholera starben, während von den Daheimgebliebenen nur 5 Promille.

Die Zahl der Choleratodesfälle würde allerdings kleiner werden, wenn die Hindu's ihre Wallfahrten nach Hardwar und Dschagganath, und die Mohamedaner nach Mekka und Medina einstellen würden, aber die geographische, wie B r y d e n sagt, oder die örtliche und zeitliche Verbreitung der Choleraepidemien, wie ich sage, würde die nämliche bleiben, gleichwie bei uns in Europa wie auch in Indien die Entwickelung des Eisenbahnwesens an der örtlichen und örtlich-zeitlichen Disposition nichts geändert hat[2]). Die Choleraepidemien waren bei uns in den Dreissiger Jahren, wo auf dem ganzen europäischen Continente mit Ausnahme der kurzen Strecke zwischen Nürnberg und Fürth noch keine Eisenbahn ging, nicht weniger und nicht seltener gewesen, als später auch. Die Commission sagt zwar[3]): Inzwischen voll-

---

1) Zum gegenwärtigen Stand der Cholerafrage S. 640.
2) Zum gegenwärtigen Stand der Cholerafrage S. 5, 153, 285 und 601.
3) Reisebericht S. 150.

ziehen sich im Osten des Kaspischen Meeres gewaltige Aenderungen der Verkehrsverhältnisse, geeignet, die volle Aufmerksamkeit aller derjenigen in Anspruch zu nehmen, welche den Wanderzügen der Cholera ihr Interesse zuwenden. Schon hat die transkaspische Bahn den Amu Darja erreicht, und näher und näher rückt die Zeit, wo der Schienenstrang das endemische Gebiet der Cholera im Gangesdelta in directe Verbindung mit den Ländern Europa's bringen wird.«

Wenn die Commission die Wanderzüge der Cholera seit 1831 besser studirt und mit der Entwickelung des Verkehrswesens verglichen hätte, so würde sie sich und andere vor der russischen, transkaspischen Bahn nicht so zu ängstigen brauchen, sie würde im Gegentheil furchtsame Laien beruhigend darauf hinweisen, dass auch seit Eröffnung des Suezkanales (1869) die Cholera nicht öfter nach Europa kam, als früher auch, wo der Hauptverkehr mit Indien den weiten Umweg um's Kap der guten Hoffnung machen musste, und dass die Krankheit seit 1884 auch noch nicht sehr weit ins Innere von Europa gedrungen ist.

Wenn man die epidemiologischen Thatsachen, welche die Commission aus dem Hedschaz mittheilt, etwas näher betrachtet, so gewinnt man die Ueberzeugung, dass die Cholera auch dort in Mekka und Medina gerade so ihre Launen hat, wie in München und Augsburg, oder in Leipzig und Dresden.

Von 1866 bis 1871 werden aus dem Hedschaz weder grössere noch kleinere Ausbrüche gemeldet. Aber im Herbste 1871 kamen wieder mehrere Fälle vor[1]), doch diesmal brach die Krankheit früher in Medina, als in Mekka aus. Schon im Herbste waren, wie gewöhnlich, viele Pilger angekommen, obschon das Kurban Beiram-Fest erst einige Monate später (vom 19. bis 22. Februar 1872) gefeiert wurde. In Medina sollen vom 21. September bis 10. October 1871 an Cholera 938 Pilger gestorben sein, in Mekka vom December 1871 bis März 1872 nur 130. »Gegen Ende 1871 und Anfang 1872 scheint sie (die Cholera) an Intensität nachgelassen zu haben und erst nach dem Feste wieder stärker

---

1) Reisebericht S. 129.

aufgeflammt zu sein. Die Karawane von Damaskus (die syrische) hat angeblich auf dem Rückwege von Mekka von 4000 Menschen 400 an Cholera verloren, und in Medina, wo nach dem Feste mehr als 20000 Pilger versammelt waren, erlagen der Seuche allein vom 20. bis 28. März 1872 gegen 1800 Pilger. Die Gesammtzahl der Choleratodesfälle in Medina und unter den Karawanen seit ihrem Aufbruch von Mekka bis zur Weiterreise von Medina wurde auf 4000 geschätzt.«

Mekka spielte 1872 gegenüber Medina eine ähnliche Rolle wie ein Jahr später Augsburg gegenüber München. Ob man vielleicht auch 1872 in Mekka wie 1873 in Augsburg besser zu desinficiren und zu isoliren verstand, als in Medina und München, kann ich nicht in Erfahrung bringen: mir fällt nur auf, dass im Jahre 1872 unmittelbar nach dem Feste die Cholera unter den abziehenden Pilgern so heftig ausbrach, was, wie wir gleich sehen werden, öfter vorkommt.

Das nächste Kurban Beiram-Fest fiel auf den 8. Februar 1873; auch da kam Cholera vor und starben in Mekka, wo sich schon vor Monaten zahlreiche Pilger versammelt hatten, nach Stekoulis 318 Personen an Cholera, doch erst wieder vom 24. December 1872 anfangend bis 29. Januar 1873. Die Commission erwähnt, dass ihr eingehendere Angaben über diese Epidemie nicht zugekommen seien. Stékoulis bezeichnet sie gleich der vorausgehenden als eine épidemie légère, und sie scheint daher unter den abziehenden Pilgern nicht mehr viele Opfer gefordert zu haben.

Von 1873 bis Ende 1877 schweigen die Berichte wieder ganz von Cholera im Hedschaz. Im Jahre 1877 fiel das Kurban Beiram-Fest auf den 16. December. »Auf welchem Wege der Krankheitskeim nach Mekka gelangt war, hat nicht ermittelt werden können. Der Umstand, dass der Ausbruch erst erfolgte, nachdem die Feste bereits vorüber waren, hat einige Aerzte annehmen lassen, dass die Seuche überhaupt nicht eingeschleppt worden, sondern infolge der ungünstigen Witterungsverhältnisse — während der Festtage sollen Ströme von Regen gefallen sein — infolge des Schmutzes in den Strassen von Mekka und unter dem Einflusse der mangelhaften Ernährung der zahlreichen, zum grossen Theile gänzlich mittellosen Pilger spontan entstanden sei.«

In Mekka sollen vom 23. December 1877 bis 13. Januar 1878 792 Personen an Cholera gestorben sein, auch in Dscheddah vom 25. December bis 6. Januar 148.

Unmittelbar nach Schluss des 3 Tage dauernden Kurban Beiram begeben sich jedes Jahr eine grosse Anzahl Pilger von Mekka auf dem Landwege nach Medina, um am Grabe des Propheten zu beten. In diesem Jahre wird ihre Zahl auf etwa 10000 und die der Cholera-Todesfälle auf 400 bis 500 geschätzt.

Auch die von Medina weiterziehenden Karawanen nach Damaskus und Bagdad hatten auf ihrem Marsche noch Cholera-todesfälle, wenn auch nicht so viele, wie in anderen Jahren. Die syrische Karawane wird auf 5000 Pilger geschätzt, von welchen 169, und die mesopotamische auf 2500, von welchen 10 starben; »anscheinend ist die Seuche unter den Theilnehmern der genannten Karawanen ziemlich bald nach dem Verlassen Medina's erloschen«, und wurde dieselbe auch in keiner der beiden Richtungen weiter verschleppt.

Die nach Afrika und Aegypten ziehenden Karawanen litten selbst sehr wenig und verschleppten auch keine Cholera in die Orte, welche sie durchzogen.

Anders war es mit denen, welche nach dem Südwesten Arabiens zogen, wo Jebba, Konfeira und Hodeida angesteckt wurden. Auch da scheint die Krankheit Anfangs Februar überall erloschen zu sein.

Nun schweigt die Geschichte von der Cholera wieder bis gegen Ende des Jahres 1881, wo aber ein sehr heftiger Ausbruch erfolgen sollte. In diesem Jahre fiel Kurban Beiram auf den 3. November, »doch waren schon am 16. September nicht weniger als 11300 Pilger in Mekka anwesend und bis zum 28. September waren allein in Dscheddah ihrer gegen 16000 gelandet worden« [1].

Damals zeigte sich schon Anfangs August am Eingange des rothen Meeres von Indien her, in Aden und Umgegend, eine

---

[1] Reisebericht der Commission S. 135.

epidemische Disposition, wohin sie durch das Schiff »Columbian«
gebracht worden sein soll, welches Reis und Pilger führte, welche
660 an Zahl in Dscheddah ausgeschifft wurden.   »Gegen Mitte
August hatten sämmtliche Pilger des »Columbian« bereits von
Dscheddah aus nach Mekka sich begeben. Nebenbei sei erwähnt,
dass unter der Schiffmannschaft des »Columbian« während seiner
Rückkehr nach Bombay Cholerafälle n i c h t vorgekommen sein
sollen«.

Im Krankenhause zu Mekka kamen schon in der Zeit vom
29. August bis 16. September 14 Todesfälle unter choleraverdäch-
tigen Erscheinungen vor, und am 21. September war man über
die Gegenwart der Cholera nicht mehr im Zweifel.

Medina wird gewöhnlich von Mekka aus von den Pilgern
erst nach dem Kurban Beiram-Feste besucht, da aber jetzt in Mekka
Cholerafälle vorkamen, und die Zeit für Kurban Beiram erst anfangs November traf, »so brach eine aus etwa 10 000 Pilgern
bestehende Karawane von Mekka nach Medina auf. Diese Karawane hat nicht nur selbst ganz ausserordentlich schwer von der
Cholera zu leiden gehabt, sie hat auch die Krankheit nach Medina
und Umgegend angeblich verschleppt. Nach einem Berichte von
Dr. K a d r i aus Medina betrug die Zahl der Todesfälle unter den
Theilnehmern der Karawane für die Zeit vom 25. September bis
zum 3. October 397.   Vom 4. October ab begannen die Pilger
nach Mekka zurückzukehren und sollen während des zehntägigen
Rückmarsches noch weiter 141 Personen verloren haben, während
unter den in Medina zurückgebliebenen allein in zwei Tagen
72 starben. Dr. M a h é, nach dessen Quellen die Karawane nur
aus etwa 6000 Pilgern bestanden hat, schätzt die Zahl der Todten
für die Zeit der Abwesenheit von Mekka auf mehr als 1200, eine
Rechnung, nach welcher jeder vierte oder fünfte Pilger im Zeit-
raume von kaum einem Monate das Leben eingebüsst hätte. —
In Mekka selbst war inzwischen die Seuche in mässigen
Grenzen geblieben. Vom 1. bis zum 29. October waren
daselbst 137 Choleratodesfälle verzeichnet«.

Diese Karawane war eine Art Choleraflucht, aber eine mit
dem Erfolge, dass sie, wie man sagt, vom Regen in die Traufe

kam, wie es ausnahmsweise der Fall sein kann. Die Pilger
wären viel besser daran gewesen, wenn sie in Mekka geblieben
wären, wo sich die Seuche in mässigen Grenzen hielt. Es war
somit in Mekka 1881 ähnlich, wie es 1867 in Hardwar gewesen
war, wohin die Pilger weder eine Epidemie brachten, noch nach
ihrem Abzuge dort zurückliessen, wo aber dann doch die Pilger
so ausserordentlich schwer zu leiden hatten, als sie von Hardwar-
weg durch andere Orte und Gegenden zogen.

Aber in einem anderen Punkte unterschied sich Mekka 1881
sehr von Hardwar 1867. Nachdem sich in Mekka die Seuche
vom 1. bis 29. October in so mässigen Grenzen gehalten hatte,
starben am 3. und 4. November binnen 48 Stunden nicht weniger
als 429 und vom 1. bis 15. November mindestens 2000 Personen
an der Cholera in Mekka. Die Zahl der während des Kurban
Beiram 1881 versammelten Pilger wird auf etwa 60 000 und die
Verluste durch Cholera auf 6000 bis 7000 geschätzt, was eine
Decimirung derselben ist [1]).

Das plötzliche Wiederaufflackern der Seuche während des
dreitägigen Kurban Beiram-Festes und unmittelbar darnach, was
sich in der Cholerageschichte Mekka's so oft wiederholt, muss
eine ganz besondere Ursache haben.

»Im Hedschaz ist allen Berichten zufolge gegen Ende des
Jahres 1881 die Cholera vollständig erloschen gewesen, und auch
die syrische Karawane (Damaskus) ist in gutem Gesundheitszustande an ihrem Bestimmungsorte angelangt. Sie soll, nachdem sie Medina passirt hatte, keine Cholerafälle mehr gehabt
haben. Von einem Auftreten der Cholera im übrigen Arabien
ist nichts bekannt geworden« [2]). Also auch die übrigen Kara-
wanenstrassen scheinen trotz des heftigen Auftretens der Cholera
in Mekka und Medina 1881 frei geblieben zu sein.

Im Jahre 1882 fiel Kurban Beiram auf den 23. October.
Auch in diesem Jahre zeigte sich diesseits der Bab-el-Mandeb-
Strasse noch eine gewisse Disposition für Choleraepidemien,
ähnlich wie sie sich auch in Italien von 1884 bis 1887 vier Jahre

---

1) Reisebericht der Commission S. 140.
2)   „   „   „   S. 144.

lang erhalten hat. Diesmal erschien die Seuche zuerst auf der Quarantäneinsel Kamaran im rothen Meere vom 8. August bis 13. September.

»So günstig die Nachrichten über den Gesundheitszustand der Pilger auch bis in den October hinein lauteten, so sollte das grosse Fest, an welchem einschliesslich der Bewohner von Mekka 70000 bis 75000 Menschen Theil nahmen, den gefürchteten Gast doch noch erscheinen sehen [1]... Wann die ersten Cholerafälle sich ereignet haben, darüber stimmen die Berichte der verschiedenen Aerzte nicht überein... Jedenfalls datirt eine erheblichere Cholerasterblichkeit erst von dem Tage, an welchem die Pilger nach Beendigung des Festes sich zu zerstreuen begannen. In Mekka sind vom 26. bis 31. October 192 und vom 1. bis 9. November 109 Choleratodesfälle verzeichnet worden, in Medina, wohin die Krankheit alsbald durch die Karawanen verschleppt wurde, vom 5. bis 19. November deren 250... Die zu Schiff heimkehrenden ägyptischen bzw. den Suezkanal passirenden Pilger wurden auch in diesem Jahre einer Quarantäne in El Wedsch und darauf einer Beobachtungsquarantäne an den Mosesquellen unterworfen, ohne dass indess hier Cholerafälle unter ihnen vorgekommen wären. Auch die syrische und ägyptische Karawane langten in gutem Gesundheitszustande an ihren Bestimmungsorten an«.

Auch diese kleine, auf Mekka und Medina sich beschränkende Epidemie trat wieder erst zu Ende des Kurban Beiram auf.

Im nächsten Jahre 1883, wo Kurban Beiram auf den 12. October fiel, war es wieder ebenso. Auch da lauteten die Nachrichten aus Mekka, obschon die Cholera im Juni in Aegypten ausgebrochen war und in Damiette und Kairo so viele Menschen dahinraffte, sehr günstig. »Erst am 14. October sandte die ärztliche Commission in Mekka eine Depesche an den Conseil in Alexandria ab, des Inhalts, dass am zweiten Tage der Feste in Mina, d. h. am 13. October, die Cholera daselbst aufgetreten sei und im Laufe von zwei Tagen 18 Todesfälle verursacht habe.

---

[1] Reisebericht der Commission S. 146.

Kurz darauf erschien die Seuche auch in Mekka, woselbst ihr vom 14. October bis 4. November 451 Menschen erlagen. Nur die Pilger waren betheiliget, während die ansässige Bevölkerung ganz frei geblieben sein soll. Auf dem Wege von Mekka nach Medina verloren die Karawanen 150 Todte, in Medina selbst 64. In Dscheddah kamen unter den aus der heiligen Stadt zurückkehrenden Hadschi's nach den Berichten nur -noch 8 Erkrankungen an Cholera mit 6 Todesfällen zur Kenntnis. Am 4. November wurde die Epidemie im Hedschaz als nahezu erloschen betrachtet«.

Was kann es nun sein, das gerade diesen Schluss der Kurban Beiram-Feste so besonders gefährlich macht? Zahlreiche Pilger sind ja schon viele Monate zuvor in Mekka anwesend.

Von meinem localistischen Standpunkte aus liegt es mir am nächsten, die Ursache davon in dem massenhaften Besuche einer bestimmten, sehr siechhaften oder sehr siechhaft gewordenen Localität vorwaltend nur Seitens der Pilger zu erblicken.

Die Commission hat in ihrem Berichte die verschiedenen Vorgänge und Stadien beim Feste in dankenswerther Weise nach den Angaben von Stékoulis sehr eingehend geschildert [1]).

Nachdem an einem Tage die Ceremonien des »Tawâf« und des »Sahyie« in Mekka selbst absolvirt sind, begeben sich die Pilger am folgenden Tage nach dem Berge Arafat, wo die dritte heilige Ceremonie »Oukouf« stattfindet. An dieser Bergfahrt betheiligen sich stets auch die ständigen Einwohner von Mekka in sehr grosser Zahl. Also diese beiden Tage können nicht Gelegenheit dazu geben, dass zeitweise vorwaltend nur Pilger und nicht auch Mekkaner inficirt werden.

Nach Sonnenuntergang ziehen die Pilger vom Berge Arafat in wilder Eile nach Mouzdalefa, bringen da die Nacht zu und begeben sich am folgenden Tage in das Opferthal Mina. Dieser Tag ist zugleich der erste Tag des heiligen Festes und werden an diesem Tage die zahlreichen Thieropfer dargebracht. Letzteres darf zwar auch in Mekka geschehen, aber es ist üblich, die Opfer im Thal von Mina darzubringen.

---

1) a. a. O. S. 126.

»Kameele, Rinder, Hammel und andere Thiere, je nach dem Vermögen der Pilger, werden in unendlicher Zahl geopfert, und ihr Fleisch theils den Armen geschenkt, theils von den Opfernden selbst verzehrt. — Nach einem Berichte des Dr. Arnaud sollen beispielsweise bei dem im Jahre 1877 gefeierten Feste nicht weniger als 70 000 Hammel geschlachtet worden sein. — Capitän Burton, der im Jahre 1853 diesen Vorgängen (selbstverständlich als Muselmann verkleidet) beigewohnt hat, sagt vom ersten Tage des Festes in Mina: die Oberfläche des Thales glich binnen kurzem dem schmutzigsten Schlachthause und bange Ahnungen für die Zukunft beschlichen mich beim Anblicke. — Den Zustand des zweiten Tages schildert er folgendermaassen: das Land stank im wahrsten Sinne des Wortes. Ich überlasse es dem Leser, sich das übrige selbst vorzustellen«.

Die Commission fügt noch bei: »Drei Tage dauert das Fest in Mina: dann wird ein Schlussgebet in Mekka verrichtet, und die Pilger zerstreuen sich eiligst wieder nach allen Richtungen, um die Heimreise anzutreten, sofern sie nicht noch Medina oder andere heilige Orte besuchen wollen. Der Aufenthalt im Hedschaz währt sonach mindestens etwa 10 Tage. Viele Pilger finden sich indess schon Monate vor Beginn des Festes daselbst ein«.

Von den Schlachtthieren kann die Cholerainfection ebenso wenig, wie von den Pilgern selbst ausgehen, die sich ja schon in Mekka und auf dem Berge Arafat hätten anstecken können: aber wie mag der Boden dieses Opferthales mit allen möglichen Abfällen jedes Jahr gedüngt werden, um ein fruchtbarer Choleraboden, ein viel fruchtbarerer als der der Stadt Mekka zu sein! Ich erinnere an die vielen unsauberen Schlachtstätten in München vor Errichtung des neuen allgemeinen Schlachthofes. Mich wundert es gar nicht, dass dieser siechhafte Boden sich öfter und länger für Cholera disponirt zeigt, als irgend ein anderer und der Cholerasamen wird durch den menschlichen Verkehr jedes Jahr und auch schon lange vor den drei Tagen des Festes hingebracht. Er kann auch vom vorigen Jahre stammen und wieder aus einem Schlummerzustande erwachen, wenn er neuerdings so durchfeuchtet und gedüngt wird. Doch glaube ich, dass es auch für diesen Boden Mittel gäbe, ihn zu assaniren, siechfrei zu machen, geradeso wie es im Fort William bei Calcutta und in der Grube, in Haidhausen bei München gelungen ist, ohne auch nur die Spur einer Quarantäne oder Desinfection oder Isolirung anzuwenden. Der Conseil sanitaire maritime et quarantenaire würde mit der Assanirung von Mekka, Medina und dem Mina-thale praktisch viel mehr leisten, als mit all seinen Quarantänen, Isolirungen und Desinfectionen, mit welchen er den menschlichen Verkehr doch nie pilzdicht zu gestalten vermag, wie ich schon in meinen Abhandlungen zum gegenwärtigen Stand der Cholera-frage [1]) für jeden Unbefangenen glaube hinreichend gezeigt zu haben.

d) Quarantänen.

Ueber die prophylaktische Bedeutung der Quarantänen habe ich mich zwar erst jüngst ziemlich ausführlich ausgesprochen [2]) und könnte ich mich einfach darauf berufen, aber der Reise-bericht der Commission liefert eine solche Zahl interessanter, und theilweise von ihr selbst erhobener Thatsachen, dass ich mir das Vergnügen nicht versagen kann, nochmal darüber zu sprechen und meine Ansicht durch das von der Commission selbst gebotene Material noch weiter zu begründen. Nach meinem Gefühle hat die Commission durch ihre Mittheilungen dem ganzen Quarantäne-wesen und damit auch dem Thun des Conseil maritime et qua-rantenaire einen unheilbaren Schlag versetzt, den sie vielleicht gar nicht beabsichtiget hatte.

Die Commission hat das in Aegypten und in mehreren Häfen des rothen Meeres bestehende Quarantänewesen aus eigener An-schauung kennen gelernt, da ja 1883 noch Cholera in Aegypten und im Hedschaz herrschte.

Am 31. October 1883, kaum in Suez angekommen, liess sich die Commission unter Leitung des Directors der dortigen Sanitäts-anstalt, Dr. Freda Bey, eine Desinfection von Personen vor-machen. »Dieselbe geschah in der Weise, dass eine Hand voll

---

1) a. a. O. S. 646 bis 648.
2) Zum gegenwärtigen Stand der Cholerafrage S. 602 bis 623.

Chlorkalkbrei nebst etwa halb soviel grob gepulverten Schwefels (die Commission kann sich's nicht versagen, diesem Schwefel ein Ausrufungszeichen beizusetzen) in eine flache irdene Schale gethan, die Mischung mit einer geringen Menge roher Salzsäure übergossen, und die Schale dann unter die Hürde niedergesetzt wurde, auf welcher die zu desinficirenden Personen standen. Als solche fungirten zwei Mitglieder der Commission«. Man darf also gewiss annehmen, dass Alles wörtlich wahr ist, was die Commission sagt. »Dieselben wurden nach etwa eine Minute währendem Aufenthalte in dem trotz seiner zerbrochenen Fensterscheiben sehr stark mit Chlordämpfen erfüllten Raume als ausreichend desinficirt erklärt. Waaren sollten in dem Desinfectionsraume bis dahin noch nicht desinficirt worden sein, Personen dagegen in grosser Zahl; beispielsweise an einem der letzten Tage nach Dr. Freda's Mittheilung 76, welche in mehreren Abtheilungen — jede in 1 bis 1½ Minuten — abgefertiget wurden.

»Ueber die Art und Weise, in welcher die ärztlichen Besichtigungen der vom Süden (resp. von Indien) her von Suez anlangenden Schiffe stattfinden, konnte die Commission von Herrn Dr. Freda nichts Bemerkenswerthes erfahren, abgesehen von der Mittheilung, dass eine solche Besichtigung in der Regel in 5 bis 10 Minuten erledigt sei«.

Am Morgen des 1. November kam die Commission nach angenehmer Fahrt auf der »Damanhur« in die Hafenstadt El Tor, wo sich auch eine viel benutzte Quarantäneanstalt befindet. »Nachdem die »Damanhur« im Hafen vor Anker gegangen war und die gelbe Quarantäneflagge an der Gaffel des Fockmastes gehisst hatte, erschien alsbald ein die ägyptische Quarantäneflagge führendes Segelboot mit einer Besatzung von drei Mann längsseit des Schiffes, um das Patent und zwar mit Hilfe einer ausserbords emporgehobenen Blechbüchse in Empfang zu nehmen. Sobald das Boot zur Sanitätsanstalt zurückgekehrt war, begab sich die Commission ebenfalls ans Land. Hier angekommen, wurde sie von dem Arzte, Herrn Dr. Ferrari, und dem ersten Commis, Herrn de Logier, mit abwehrenden Geberden empfangen

und als in Quarantäne befindlich erklärt. Einen von dem Vor-
sitzenden des Conseil sanitaire maritime et quarantenaire, Dr.
Hassan Pascha Mahmud, der Commission mitgegebenen
Brief, durch welchen ihr die Erlaubnis zur Besichtigung der
Quarantäneeinrichtungen gewährt wurde, erfasste man mit einer
eigens für solche Zwecke construirten Zange (die Commission
gibt in ihrem Berichte S. 83 sogar eine Abbildung, wahrscheinlich nicht zur Nachahmung, sondern als abschreckendes Beispiel)
und brachte den Brief zunächst zu dem eisernen Desinfections-
kasten. Nachdem er mit Hilfe der Zange auf den Rost nieder-
gelegt war, wurde unter letzteren eine Pfanne mit glühenden
Kohlen geschoben, auf welche etwa ein Theelöffel voll Schwefel
und darüber etwas Sand gestreut war. Nach wenigen Minuten
wurde der Brief, an den Ecken etwas verkohlt, herausgenommen
und von den Beamten erbrochen, worauf der Commission die
Besichtigung der Einrichtungen unter der Bedingung gestattet
wurde, dass jede unmittelbare Berührung sowohl mit dem Quaran-
tänepersonal, als auch mit etwa in Quarantäne befindlichen Personen vermieden würde«.

Nachmittags gewann die Commission Zeit, auf Eseln nach
dem nahe gelegenen Mosesbade zu reiten, welches auch für Qua-
rantänezwecke benützt wird. Abends zurückgekehrt, begab sich
die Commission wieder an Bord der »Damanhur«, nur die Esel
mussten in die Quarantäne wandern, weil die aus Aegypten gekommene Commission als choleraverdächtig anzusehen und mit
den Eseln in unmittelbare Berührung gekommen war.

Am 2. November früh wohnte die Commission einer Aus-
schiffung von 480 Pilgern an Bord der »Diana« bei, die von
Dscheddah kam, was von 4 Segelbooten besorgt wurde. Die
Pilger begaben sich mit ihrem vielen und vielgestaltigen Gepäcke
in das etwa 1½ km vom Strande entfernte Zeltlager und bezogen
eine gesonderte Zeltdivision. Die Meisten sahen frisch und ge-
sund aus, doch waren auch Kranke darunter und wurde einer sofort
ins Spital gebracht, wo er nach ein paar Tagen an Cholera starb.

Von Desinfection des Gepäckes und sonstigen prophylaktischen Maassregeln ist keine Rede und sind trotzdem weitere

9*

Cholerafälle unter diesen Pilgern nur zwei verdächtige vorgekommen.

Nachmittags 4 Uhr fuhr die Commission nach El Wedsch, einem südlicher gelegenen Hafen mit einer Quarantäneanstalt ab, wo sie nachmittags am 3. November anlangte, und wo ein vom Lande kommendes Boot das Schiffspatent und die Empfehlungsbriefe ohne besondere Vorsichtsmaassregeln, ohne Zange und ohne Blechbüchse in Empfang nahm. Die Quarantäneanstalt von El Wedsch wird nur im Nothfalle benutzt, weil es da sehr an Wasser mangelt und in neuerer Zeit von Dampfschiffen destillirtes Meerwasser benutzt werden musste.

Principiell ist kein wesentlicher Unterschied zwischen den Einrichtungen in El Wedsch und El Tor und den übrigen Quarantäneanstalten.

»Jedes Schiff, welches Pilger gebracht hat, muss während der ganzen Quarantänezeit im Hafen liegen. Alsbald nach dem Ausschiffen seiner Passagiere, sowie vor dem Wiedereinschiffen derselben soll es unter Aufsicht des Schiffsarztes, dem die Auswahl des Desinfectionsverfahrens überlassen bleibt, desinficirt werden.

»Der Einzug der Pilger von der Landungsbrücke aus in das Zeltlager vollzieht sich zwischen zwei militärischen Postenketten, so dass an ein Entweichen oder an einen Verkehr mit der Bevölkerung nicht zu denken ist. Etwa mitgeführte Waffen werden den Pilgern für die Zeit der Quarantäne abgenommen.

»Falls unter den Pilgern kein Cholerafall vorkommt, bleiben sie in der Regel 20 Tage in Tor und zwar 15 Tage in dem ursprünglichen Lager und die letzten 5 Tage an einer etwas entfernter von der Küste gelegenen Stelle. Treten dagegen Cholerafälle auf, so beginnt die Quarantäne in der gleichen Zeitdauer nach der letzten Erkrankung immer wieder von neuem«.

Am 7. November morgens 6 Uhr traf die Commission wieder in Suez ein, und zwar mit reinem Patent, in welchem bescheiniget war, »dass Cholerafälle unter den Pilgern in Tor allerdings sich ereignet hätten, dass aber die Besichtigung des Lagers Seitens der Commission mit aller Vorsicht vorgenommen worden sei, sowie dass ein Verkehr mit Tor selbst nicht stattgefunden habe«. Letzteres war eine sehr überflüssige Bemerkung, denn in Tor selbst war keine Cholera und die Commission war ja aus Aegypten gekommen, wo die Cholera herrschte, in Alexandria noch bis zum 26. December.

Bei der Ankunft der »Damanhur« in Suez spielte sich wieder ein interessantes Schauspiel ab. Das Schiff hielt am 7. November morgens kurz vor 6 Uhr auf der Rhede. »Sofort war das Schiff von einer Anzahl Segelbarken umschwärmt, deren Insassen anfragten, ob Jemand wünsche, ans Land befördert zu werden. Gegen ¹/₂ 7 Uhr kam ein Schreiber der Sanitätsanstalt in einem Boote längsseit, wie sich indess bald herausstellte, nicht in amtlicher Eigenschaft. Er hatte die »Damanhur« sofort erkannt, als sie auf der Rhede erschienen war, und kam, um der Commission Postsendungen und seitens des deutschen Consuls für sie bestimmte Zeitungen zu bringen. Das Schiffspatent nahm er nicht mit. — Erst um ¹/₂ 8 Uhr erschien das Quarantäne-Ruderboot, nahm mit Hilfe einer emporgereichten Blechbüchse das Patent sowie die Post aus El Tor, welche unter Anderem eine Depesche Dr. Ferrari's an den Conseil sanitaire maratime et quarantenaire über den Ausbruch der Cholera unter den Pilgern enthielt, in Empfang und kehrte dann ans Land zurück. Da nach Ablauf einer weiteren Stunde die Sanitätsbehörde noch immer nichts wieder von sich hatte hören lassen, so fuhr um ³/₄ 9 Uhr der 1. Officier ans Land, um sich nach dem Grunde der Verzögerung zu erkundigen, konnte aber nur in Erfahrung bringen, dass wegen der Behandlung des Schiffes nach Alexandrien telegraphirt werde. — Gegen ¹/₂ 10 Uhr fuhr die Commission selbst ans Land und verlangte den Director der Sanitätsanstalt, Herrn Dr. Freda, zu sprechen. Nach Ablauf von fast einer Viertelstunde und nach wiederholtem Ersuchen erschien derselbe in der That, es ergab sich aber, dass er das Packet aus Tor, welches die Depesche bezüglich des Choleraausbruches enthielt, überhaupt noch nicht geöffnet hatte. Dies geschah erst vor den Augen der Commission und unter der Versicherung, dass nunmehr schleunigst nach Alexandrien telegraphirt werden solle, von wo voraussichtlich gegen 11 Uhr eine Rückantwort eintreffen werde. Freie Praktik könne dem Schiffe bis dahin nicht gewährt werden. — Da es der Commission zweifelhaft erschien, ob die Entscheidung aus Alexandrien in der That so bald eintreffen werde, so beschloss sie, zunächst nochmal der Quarantäneanstalt bei den Mosesquellen einen Besuch abzustatten, wogegen Dr. Freda unter der Voraussetzung, dass keine unmittelbare Berührung mit dort befindlichen Personen stattfinden werde, nichts einzuwenden hatte«.

Das aus Alexandria gekommene Telegramm bestimmte endlich, dass die »Damanhur« mit Dr. Koch und der deutschen Commission an Bord freie Praktik habe, nachdem ärztliche Untersuchung und Desinfection vorgenommen sein wird. — Wie diese beiden Maassregeln ausgeführt wurden, geht aus Folgendem hervor: »Ein Arzt erschien nicht an Bord; die alsbald vorgenommene Desinfection des Schiffes geschah vielmehr unter -Aufsicht eines Commis und zwar in folgender Weise. Dem Sanitätsboote wurde eine Weinflasche entnommen mit einem schwärzlich aussehenden flüssigen Inhalte von schwach säuerlichem stechendem Geruche. Anscheinend war es Schwefelsäure, wenigstens färbte sich ein damit befeuchteter Fichtenholzspan alsbald schwärzlich braun. Von dieser Flüssigkeit wurden nahezu zwei Weingläser voll in einen mit Seewasser gefüllten Holzeimer gegossen, in die Mischung ein grosser Pinsel eingetaucht und hie und da Boden und Wände damit besprengt. Auf dem Oberdeck waren nach Beendigung dieses Verfahrens nur wenige Tropfen der Flüssigkeit aufzufinden. Die unteren Schiffsräume blieben ganz unberücksichtigt, ebenso die von den Mitgliedern der Commission bewohnten Kabinen und der von ihnen benützte Abort. Dagegen wurde im Essraum der Boden ein wenig besprengt, ohne Rücksicht auf den Teppich, welcher hier ausgebreitet lag. Die ganze »Desinfection« dauerte etwas weniger als zehn Minuten. — Hierauf musste sich die Commission mit ihrem Reisegepäcke zur Sanitätsanstalt ans Land begeben, um selbst desinficirt zu werden. Zu diesem Zwecke wurden die Effecten in dem Vorraume des Desinfectionsgebäudes aufgestellt und die Reisekoffer geöffnet. Dann liess man die Mitglieder der Commission auf die im hinteren Raume befindliche

Hürde treten, ohne dass die zwischen den beiden Räumen befindliche Thür geschlossen wurde. Auch das Fenster des hinteren
Raumes blieb geöffnet. Nunmehr wurde die Desinfectionsmasse
(Chlorkalk und Salzsäure) in einer Schale angerührt und in dem
hinteren Raume auf den Boden gestellt. Der Chlorgeruch war
hier binnen kurzem so intensiv, dass der Aufenthalt kaum länger
als eine halbe Minute zu ertragen war, so dass die Desinfection
alsbald unterbrochen werden musste. Nach kurzer Pause kehrte
die Commission noch einmal für einige Secunden in den Raum
zurück, und damit war das Verfahren, welches etwa fünf Minuten
in Anspruch genommen hatte, beendet. Auch die Koffer u. s. w.
wurden für ausreichend desinficirt erklärt. Während all dieser
Vorgänge war der Arzt der Anstalt nicht anwesend. Dem Ver-
nehmen nach war er in der Stadt anderweitig beschäftigt«.

Ganz ähnlich wird es mit Waaren und Gegenständen gehalten, welche aus verseuchten oder verdächtigen Orten kommen.
Man unterscheidet da zwischen »giftfangenden« und »nicht giftfangenden Waaren«. Nicht giftfangende Waaren, Getreide u. s. w.
bleiben sieben Tage lang in Quarantäne, werden dann aber ohne
weiteres freigegeben. Giftfangende Waaren, wie Baumwolle, Wolle,
Teppiche werden ebenso behandelt wie nicht giftfangende, nur
kommt zum Schluss der Quarantänezeit ein Besprengen mit 5%
Carbolsäure hinzu. Thierfelle, welche für Aegypten bestimmt sind,
werden 5 bis 6 Stunden ins Meer gelegt, bevor sie frei gegeben
werden; diejenigen aus Suakim sollen meistens noch feucht von
Seewasser ankommen und lagern dann bis zu ihrem weiteren
Transport einfach im Freien, in der Nähe der Sanitätsanstalt«.

Alle diese Quarantäne- und Desinfectionsmaassregeln sind,
wie jeder Sachverständige einsehen wird, nutzlos, eine blosse
Comödie. Wenn die Bacteriologie noch gar nichts genützt hätte,
so hat sie doch schon bestimmt nachgewiesen, dass man mit
diesen Maassregeln noch eher Menschen als Spaltpilze umbringen
kann. Ich verweise auf die Untersuchungen von Koch, Wolff-
hügel und Anderen.

Ich weiss nicht, ob die Commission vielleicht der Ansicht
ist, dass die Quarantänen doch etwas nützen könnten, wenn man

andere Methoden, welche sich auf bacteriologische Erfahrungen im Sinne des Führers der Commission stützen könnten, anwenden und sie mit deutscher Gründlichkeit und preussischer Strammheit durchführen würde. Ich würde aber die Commission bedauern, wenn sie auf diesen Einfall käme, denn es würde ihr auch da nicht gelingen, den Cholerakeim aus Indien von Aegypten abzuhalten, sobald Agypten für eine Epidemie überhaupt zeitlich disponirt ist, denn es wird nie gelingen, den menschlichen Verkehr pilzdicht zu gestalten [1]).

Dass es nur auf die örtlich-zeitliche Disposition ankommt, beweist gerade die Geschichte der Cholera in Aegypten vielleicht deutlicher, als irgendwo. Die erste Epidemie fällt in das Jahr 1831, die zweite in das Jahr 1848 und liegen 17 cholerafreie Jahre inzwischen. Damals geschah soviel wie nichts. Zwischen der Epidemie von 1865 und der von 1883 liegen trotz Eröffnung des Suezkanales 18 cholerafreie Jahre, in welchen Einiges geschah was aber selbst noch in der letzten Zeit, wie die Commission eingehend nachgewiesen hat, soviel, oder sogar weniger, wie nichts ist. — In den Jahren, in welchen die Cholera nicht nach Aegypten mochte, sagte man, die Maassregeln haben das Land geschützt, wie man z. B. nach dem heftigen Choleraausbruche unter den Mekkapilgern Ende 1877, am 1. April 1878 sagte: »Le Conseil International de l'Intendance Sanitaire d'Égypte a la confiance d'avoir encore cette année-çi paré aux événements autant qu'il dépendait de lui« [2]). Die Commission meint zwar, die Berechtigung zu diesen Worten werde Jedermann anerkennen, aber ich kann es leider doch nicht thun, weil ich mich einer grossen epidemiologischen Sünde schuldig zu machen fürchtete, wenn ich es thäte. Mir schwebt vor, dass im Jahre 1883 der Conseil, nachdem er doch noch einige Jahre älter geworden war, weder das Auftreten der Cholera in Damiette, noch ihre Weiterverbreitung in Aegypten zu verhindern vermochte, und es glauben Einige, dass in diesem Jahre die Cholera von Aegypten sogar nach Mekka getragen

---

1) Zum gegenwärtigen Stand der Cholerafrage S. 646.
2) Reisebericht der Commission S. 134.

worden sein könnte, weil sie in Aegypten schon im Juni, in Mekka erst im October ausbrach.

Ueber diese fadenscheinige Logik der Contagionisten, dass der menschliche Verkehr den Cholerakeim in der Reihenfolge verbreite, in welcher in den einzelnen Orten Epidemien auftreten, dass z. B. 1884 der Keim zuerst nach Toulon und von da nach Marseille, und dann von Marseille nach Neapel u. s. w. getragen worden sein müsse, weil die ersten Cholerafälle in Toulon, dann erst in Marseille und danach in Neapel constatirt wurden, habe ich mich schon wiederholt ausgesprochen [1]), hier will ich nur darauf hinweisen, dass Thatsache ja nur ist, dass in jedem Lande die Cholera meistens nicht an mehreren Orten zugleich, sondern nacheinander ausbricht, dass unter diesen Orten Verkehr besteht, aber nicht bloss zur Zeit des Ausbruches der Krankheit, sondern ebenso auch schon vorher. In Aegypten wurde 1883 der erste Cholerakranke am 19. Juni in Damiette gesehen, dann am 27. Juni in Port Said, am 2. Juli in Alexandria, am 15. Juli in Kairo, am 22. Juli in Suez und Ismailia, am 26. Juli in Rosette. Weder der Conseil maritime et quarantenaire, noch die Commission hat herausbringen können, wie der Keim dazu nach Damiette, auch nicht wie er nach Port Said, Alexandria, Kairo, Suez, Ismailia oder Rosette gebracht wurde. Er kann schon viel früher in einer ganz anderen Reihenfolge nach diesen Orten gebracht worden sein, und an einem Orte früher, an einem anderen sich später entwickelt haben, denn die epidemiologischen Thatsachen zwingen zur Annahme eines latenten Stadiums des Keimes nicht nur im endemischen Choleragebiete in Indien, sondern auch ausserhalb desselben. Das Schlummern der Cholera nach einer Epidemie und das Wiedererwachen derselben ohne eine neue Einschleppung des Keimes wird selbst von contagionistisch gesinnten Epidemiologen angenommen, und muss dieser Schlummerzustand logisch geradeso auch schon vor Ausbruch einer Epidemie wie nach Beendigung einer solchen als möglich angenommen werden [2]).

---

1) Zum gegenwärtigen Stand der Cholerafrage S. 442.
2) „ „ „ „ „ S. 460.

Die Verbreitung des Cholerakeimes wird man mit den Seequarantänen ebenso wenig, wie mit den Landcordonen aufhalten,
und wäre es endlich an der Zeit, wie die Landcordone, so auch
die Seequarantänen principiell und aus praktischen Gründen auf-
zugeben. Diese Quarantänen, welche ich eingehend studirt habe [1]),
nützten bisher nicht nur nichts, sondern sie schaden auch, und
zwar nicht nur dem Handel und Wandel und den Finanzen der
Staaten, sondern auch der Gesundheit und dem Gemeinwohle
der Völker. Es kann vorkommen, dass die Quarantäneanstalt
geradeso ein Infectionsherd wird, wie ein Krankenhaus oder eine
Kaserne, die man evakuirt, wenn die Cholera darin ausbricht,
aber in der Quarantäne muss man bleiben.

In der Quarantäneanstalt Saloniche erkrankten im Jahre 1865
von 4257 Quarantänirten 265 und starben 122 an Cholera [2]).

Auch die Commission theilt einen traurigen Fall aus der
Quarantäne von El Wedsch im Jahre 1881 mit [3]), trotzdem dort
damals nur destillirtes Wasser von drei Dampfschiffen bereitet
getrunken wurde. Vom 27. November bis 3. December kamen
5 Schiffe mit 3400 Pilgern in El Wedsch an, welche in Zeltdivisionen untergebracht wurden. Es erkrankten und starben
auf diesem Lagerplatze viele an Cholera und choleraverdächtiger
Diarrhöe, während die Bevölkerung des auf der anderen Seite
des Hafens gelegenen Ortes El Wedsch ganz frei davon blieb.
Man kann allerdings annehmen, dass diese Pilger schon inficirt
ihre Schiffe in Dscheddah bestiegen hatten und den Krankheitskeim vom Schiffe mit ins Lager brachten, aber die Cholera
dauerte in den fünf Zeltdivisionen viel länger, als sie gewöhnlich
auf Schiffen dauert. Keines dieser 5 Schiffe konnte in weniger
als 70 Tagen die Quarantäne verlassen.

Die einzelnen Divisionen waren ungleich ergriffen. Es ist
von Interesse, die Quarantänezeit und die Todesfälle dieser
5 Schiffe an Cholera und Choleradiarrhöe zusammenzustellen.

---

1) Zum gegenwärtigen Stand der Cholerafrage S. 602.
2) „   „   „   „   „   S. 615.
3) Reisebericht der Commission S. 141.

Schiff	Quarantänezeit	Todesfälle
Mula	71 Tage	64,2 %o
Kaisseri . . .	71 „	31,3
Babel	79 „	104,3
Damanhur . .	70 „	6,7
Medina . . .	74 „	48,8

Nach der Quarantäneordnung, laut welcher 20 Tage nach dem letzten Cholerafalle die Entlassung erfolgt, müssen in diesen Divisionen mindestens 50 Tage lang Cholerafälle vorgekommen sein. So lange dauert die Cholera auf den Schiffen nur höchst ausnahmsweise[1]). Es wäre daher äusserst wunderbar, wenn vom 27. November bis 3. December 1881 gerade fünf solche Ausnahmsfälle auf einmal in El Wedsch zusammengetroffen wären. Ich bin daher der Ansicht, dass von diesen 3400 Personen viel weniger gestorben wären, wenn sie auf ihren Schiffen geblieben, weiter gefahren und nicht quarantänirt worden wären.

Ich will diese 5 Pilgerschiffe nicht mit unseren Auswandererschiffen vergleichen, welche zwischen Europa und Amerika fahren, und z. B. im Jahre 1873 auf 400 Schiffen nicht weniger als 152 135 Personen aus europäischen cholerainficirten Häfen in New-York landeten, bei welcher Gelegenheit sich die Krankheit überhaupt nur auf 4 Schiffen zeigte, und auf diesen 4 Schiffen zusammen bloss 8 Personen an Cholera starben, weil ich annehmen will, dass unsere Auswanderer auf ihren Schiffen viel besser daran seien, als die Mekkapilger; aber die Pilgerschiffe lassen sich recht gut mit den Kulischiffen[2]) vergleichen, welche aus Calcutta, dem ständigen Sitze der Cholera binnen 10 Jahren 129 527 Kuli nach Mauritius, Natal oder Westindien brachten. Diese Auswanderer sind gewiss nicht besser daran als die Mekkapilger, und waren auf den 280 Schiffen, von welchen viele Segelschiffe waren, oft noch mehr zusammengedrängt gewesen, als die Mekkapilger auf der Mula, Kaisseri, Babel, Damanhur und Medina,

---

1) Vgl. meine Abhandlungen über Cholera auf Schiffen. Zum gegenwärtigen Stand der Cholerafrage S. 130.
2) Zum gegenwärtigen Stand der Cholerafrage S. 117.

und doch kamen Choleratodesfälle nur auf 32 Schiffen vor, während 248 ganz frei blieben.

Diese 32 ergriffenen Schiffe transportirten zusammen 14752Kuli, von welchen 12,2 %o an Cholera starben. Also selbst, wenn man die höchst unwahrscheinliche Annahme machen wollte, dass diese aus 280 Kulischiffen, welche binnen 10 Jahren (1871 bis 1880) von Calcutta abgingen, herausgenommenen 32 Schiffe mit den 5 Schiffen, welche binnen einer Woche von Dscheddah kommend 3400 Pilger in die Quarantäne in El Wedsch brachten, ohne weiteres vergleichbar wären, wären die auf ihren inficirten Schiffen gebliebenen Kuli immer noch viel besser daran gewesen, als die in El Wedsch auf dem Lande quarantänirten Pilger, von welchen 51 Promille starben, während von den Kuli auf den 32 Choleraschiffen nur 12 Promille, also viermal weniger, starben.

Dass die Quarantänen im Mittelmeere ebenso nutzlos und ebenso schädlich wie im rothen Meere sind, ist eine nothwendige logische Schlussfolgerung, die sich auch in der jüngsten Cholerazeit Europa's, vom Juni 1884 bis zum heutigen Tage überall bestätiget hat. Was haben Frankreich, Spanien und Italien die schweren Opfer, welche die Länder und der Verkehr dem Quarantänewesen brachten, genützt? Nichts, gar nichts.

Sehr lehrreich ist das Verhalten von Malta gewesen, dieser kleinen, stark bewohnten und verkehrsreichen Insel, von der man glauben sollte, dass sie noch am leichtesten vor dem Eindringen der Krankheit zu schützen sei, da sie von einer grossen Land- und Seemacht bewacht wird. Die Engländer, in deren Besitz die Insel ist, halten zwar in ihrem eigenen Lande und in Indien keine Quarantäne, haben sie aber für Malta noch jederzeit aufrecht gemacht, theils weil es die Malteser so haben wollten, theils weil auch alle übrigen Mittelmeerstaaten es thun. Ueber die Quarantäne im Jahre 1865 habe ich mich schon wiederholt ausgesprochen [1]). Seit dem Ausbruche der Choleraepidemien von 1883 in Aegyten wurde in Malta die Quarantäne geübt. Von 1883 bis 1887 scheint sie die Insel geschützt zu haben, aber

---

1) Zum gegenwärtigen Stand der Cholerafrage S. 604.

schliesslich ist im August 1887 die Krankheit doch wieder epi-demisch dort aufgetreten. Pisani schreibt mir über den Aus-bruch dieser letzten Epidemie:

»Jede directe Verbindung mit inficirten Orten wurde abge-brochen und Reisende hier nicht zugelassen, wenn sie nicht volle 21 Tage von dem inficirten Orte abwesend waren, was durch Certificate Seitens der Consuln bestätigt sein musste. Aber diese Bestimmungen der Regierung wurden vielfach umgangen. Erstens haben benachbarte Länder und Städte hartnäckig geläugnet, dass sie Cholera haben und blieben wir noch lange Zeit mit ihnen in Verkehr; zweitens wurde das Certificat des Consuls wieder-holt auf falsche Angaben hin ausgestellt, so dass man Fremde aus inficirten Orten hier landen liess, nachdem sie diese Orte erst seit wenigen Tagen verlassen hatten. Es ist übrigens wichtig zu bemerken, dass nicht Einer von diesen vielen Fremden, sie mochten mit einem falschen Passe oder aus einem inficirten Orte kommen (wie z. B. aus Catania), auf dieser Insel an Cholera er-krankte. Es ist allerdings nicht sicher, ob nicht der eine oder andere Diarrhöe hatte. Ferner ist nicht bekannt geworden, dass eine Wäscherin von einer Krankheit ergriffen worden sei, welche nur irgendwie der Cholera glich.

»Gegen Ende Mai dieses Jahres (1887) begannen Diarrhöen und Gastrointestinalleiden hauptsächlich unter Kindern, aber auch unter Erwachsenen häufiger zu werden. Schon 1885 kamen in Valetta 5 Fälle vor, welche der Cholera sehr ähnlich waren und von welchen 4 tödlich endeten. Nun ist hier die Krankheit auf-getreten, aber die ersten Fälle ereigneten sich nicht in Valetta, etwa in einem Gasthause, sondern auf dem Lande. Es ist richtig, dass die Dörfer, in welchen diese ersten Fälle vorkamen, in be-ständigem Verkehre mit dem Hafen sind, aber, soviel wir wissen, kamen keine Fälle, welche nur die geringste Aehnlichkeit mit Cholera gehabt hätten, auf irgend einem der Schiffe vor«.

Man weiss also in Malta ebenso wenig, als in Damiette, Kairo oder Mekka, von wem und wann der Cholerakeim gebracht wurde. Thatsache ist nur, dass Epidemien in Aegypten und auf Malta, wenn sie sich zeitweise entwickeln, stets an eine gewisse

Jahreszeit gebunden sind, geradeso wie in Toulon, Marseille und Genua. Dieses Beschränktsein auf so bestimmte Zeiten geht doch weit über das hinaus, was man zufällige Launen des Cholerabacillus oder Zufälligkeiten des Verkehres nennt, und deutet auf etwas Gesetzmässiges hin, was aber ausserhalb des Bacillus und des Menschen gesucht werden muss.

Selbst auf der kleinen leicht zu überwachenden Insel Malta treten Choleraepidemien auf, ohne dass man unter den ankommenden Fremden zuvor einen einzigen Cholerakranken entdecken konnte. Den quarantänirten Schiffen in Malta ging es 1887 genau so, wie 1865 denen in Gibraltar [1]), wo während der langen Dauer der Quarantäne in der Stadt, auf dem Lande 637 Menschen an Cholera starben, während auf den zahlreichen quarantänirten Schiffen aber auch nicht ein einziger Fall vorkam.

Man sieht da wieder sehr deutlich, dass mit der Fahndung und Isolirung der zu Schiffe ankommenden ersten Cholerakranken aber auch gar nichts auszurichten ist, und dass die Coincidenz, welche zeitweise zwischen der Ankunft eines Cholerakranken und dem Ausbruche einer Epidemie vorkommt, etwas ganz Zufälliges ist.

Wer das Verhalten der Cholera auf Schiffen einem genaueren Studium unterwirft, wie ich es gethan habe [2]), kann unmöglich glauben, dass die grosse Choleraepidemie von 1881 im Hedschaz und die kleine von 1882 entstanden seien, weil der »Columbian« in Aden und Kamaran landete und zwischen Bombay und dem Hedschaz verkehrte. Man zähle einmal nur in einem einzigen Jahre, wie viel Schiffe von Indien aus, wo einzelne Cholerafälle am Lande immer vorkommen, ins rothe Meer und bis Aegypten gehen, wie viele Personen sie führen und wie viele Cholerafälle unter ihnen vorkommen, und man wird finden, dass man auf den indischen Schiffen sicherer vor Cholera wohnt, als auf dem Lande, in den Orten, von wo die Schiffe abgehen. Einzelne Cholerafälle werden auf diesen Schiffen jedes Jahr vorkommen,

---

1) Zum gegenwärtigen Stand der Cholerafrage S. 115.
2) Zum gegenwärtigen Stand der Cholerafrage. Die Cholera auf Schiffen S. 107 bis 150.

ich glaube auch der Commission, welche anführt, dass die Capitäne und selbst Schiffsärzte einzelne Cholerafälle gerne verheimlichen; aber das entscheidet nicht, ob in einem Orte, wo diese Schiffe landen, eine Epidemie entsteht oder nicht, und würde die Verbreitung des Cholerakeimes aus Choleraorten nicht verhüten, wenn die Capitäne auch jeden Cholerafall unfehlbar angeben würden und jedes nur einigermaassen verdächtige Schiff quarantänirt würde. Die Choleraprophylaxis hat ihren Schwerpunkt ganz wo anders, als in der Isolirung der Cholerakranken und in der Desinfection ihrer Darmentleerungen.

Dass seit 1883 Choleraepidemien durch den Verkehr mit Aegypten und Indien in Frankreich, Italien und Spanien, welche Länder das Quarantänesystem haben, entstanden sind, aber keine in England, welches seinen Riesenverkehr nicht quarantänirt, kann nicht davon abgeleitet werden, dass die Dampfschiffe einen oder zwei Tage länger von Indien bis London, als bis Toulon brauchen. Ferner ist zu bedenken, dass die Cholera und ihr specifischer Keim nicht aus Bombay oder Madras oder Calcutta nach England zu kommen braucht, sobald die Krankheit in Frankreich oder Spanien oder Italien epidemisch herrscht, sondern dass sie ebenso gut aus epidemisch ergriffenen europäischen Orten verschleppt werden kann, und dass sie dann einen viel kürzeren Weg bis London hat, und dass z. B. der Weg von Toulon bis England in viel weniger Zeit zurückgelegt wird, als der von Aegypten bis Toulon, oder gar der von Cochinchina bis Toulon oder Marseille.

Welche prophylaktische Maassregeln eine thatsächliche Wirkung haben, darüber habe ich mich bereits genügend ausgesprochen [1]).

5. Schluss.

Schliesslich könnte man sich noch fragen, wie es denn kommt, wie es möglich ist, dass der Streit, welcher seit mehr als 50 Jahren währt, ob die Cholera zu den ansteckenden

---

[1]) Zum gegenwärtigen Stand der Cholerafrage S. 595 bis 739.

Krankheiten zu zählen sei oder nicht, immer noch nicht schweigt, immer noch unentschieden ist? Nach der Theologie, welche für unser Seelenheil sorgt, gibt es vielleicht keine Wissenschaft, welche so von der Theorie beherrscht wird, wie die Medicin, welcher unser leibliches Wohl am Herzen liegt. Das Wort Theorie, aus dem Griechischen wörtlich übersetzt, heisst eigentlich Gottanschauung. Wenn auch die Moral, der praktische Theil der Theologie, trotz verschiedener religiöser Bekenntnisse überall viel Aehnliches und Gleiches hat, so begründet doch verschiedener Glaube immerhin noch gewisse Unterschiede im Handeln. Der medicinische Glaube, die medicinischen Theorien, die viel leichter und viel öfter wechseln als die Religionen und Confessionen, bedingen aber für die ärztliche Praxis noch viel grössere Unterschiede. Zur Zeit der Jatrochemiker, als die herrschende Theorie die Krankheiten in saure und alkalische theilte und man die Gesundheit für einen neutralen Zustand hielt, behandelte man die Kranken ganz anders als später und jetzt. Als man infolge theoretischer Anschauungen in der crusta phlogistica des Blutes die Ursache der entzündlichen Krankheiten erblickte, liess man zur Ader, bis die Kranken anämisch waren, ja benützte die Venäsection sogar als prophylaktisches Mittel. Als man den Stoffwechsel noch für eine schwere Arbeit hielt, von der man dem Körper eines Kranken möglichst wenig aufladen soll, verstand man unter Diät wesentlich nur Hungerleiden u. s. w. Heutzutage glaubt kein Mensch mehr an solche Dinge. Auf Grund des theoretischen Glaubens practicirte man aber zu allen Zeiten getrost darauf los, fragte nicht viel nach dem Nutzen der Behandlung, sondern nur, ob sie der herrschenden Theorie entspricht, damit man keinen Kunstfehler begehe und nicht gerichtlich belangt werden könne. Aus diesem Grunde lässt auch Goethe den zerknirschten Faust zu seinem sicher schulbewussten Famulus sagen: »Ich habe selbst den Gift an Tausende gegeben, sie welkten hin, ich muss erleben, dass man die frechen Mörder lobt.«

Seit Goethe dies seinen Faust sagen liess, ist es in der Medicin wirklich viel, viel besser geworden; denn die Entwickelung des thatsächlichen Wissens, namentlich der Naturwissenschaften, hat das Gebiet des blossen medicinischen Glaubens mehr und mehr beschränkt, und die Theorien geläutert, aber auch die neueste Zeit zeigt uns, dass wir noch lange nicht am Ende aller Irrthümer angelangt sind und dass wir jetzt den rechten, allein-seligmachenden Glauben auch noch nicht haben. Es spricht sich das namentlich in den Theorien über einige Infectionskrankheiten und in der Wahl der Mittel zu deren Verhütung aus, Abdominal-typhus und Cholera, wovon ich im Vorhergehenden gesprochen habe.

Da aber von diesem theoretischen Glauben doch ein grosser Theil des praktischen Handelns abhängt, so ist der Streit der Theorien gewiss kein überflüssiges Spiel.

Als die Cholera anfangs der Dreissiger Jahre in Europa erschien, war der Streit nur zwischen Contagium und Miasma. Inzwischen aber haben sich die theoretischen Vorstellungen über das, was man unter Contagium und Miasma verstehen soll, sehr geändert. Anfangs stellte man sich das Contagium als etwas festes oder flüssiges vor, und das Miasma als etwas gasförmiges. Das Fortschreiten der Mikroskopie, der experimentellen Pathologie und namentlich der Bacteriologie, dieses jüngsten Zweiges am Baume der Erkenntnis, hat nun die Gegensätze Contagium und Miasma unter Einen Hut gebracht. Nach dem, was wir bis jetzt wissen, müssen wir sowohl die Contagien, als auch die Miasmen als kleinste Organismen betrachten, welche, in unseren Körper eingedrungen, ihn krank machen. Die principielle Differenz ist verschwunden, und sind dafür specifische Mikroorganismen mit verschiedenen Eigenschaften und Lebensbedingungen an die Stelle getreten. Ein organisirter Ansteckungsstoff wird jetzt ebenso für das Wechselfieber oder Sumpffieber, wie für die Syphilis und die Schwindsucht angenommen. Mir lag diese Anschauung schon immer sehr nahe und habe ich sie auf Cholera und Abdominal-typhus angewandt, noch ehe man einen Cholerabacillus oder Typhusbacillus entdeckt hatte.

Als diese Bacillen in den Kranken wirklich nachgewiesen wurden, waren diese Entdeckungen für mich nichts Unerwartetes; aber unerwartet für mich war die grenzenlose Ueberschätzung dieser wissenschaftlich ja sehr wichtigen Entdeckungen in ihrer

Anwendung und Beziehung auf die Epidemiologie, welche Ueberschätzung der Bacteriologie kaum länger dauern wird, als die der
Chemie zur Zeit als man entdeckt hatte, dass die ätzendsten
Alkalien und die schärfsten Säuren sich zu ganz neutralen un-
schädlichen Salzen verbinden. Deshalb wird aber die Entwickelung
der Bacteriologie ebenso wenig stille stehen oder aufgehalten
werden, als die der Chemie stille gestanden oder aufgehalten
worden ist, welche seitdem der gesammten Medicin so viel genützt
hat. Viele sind so kurzsichtig zu glauben, dass man zum Entstehen von Epidemien nichts weiter brauche, als einen specifischen
Pilz, und noch nicht durchseuchte, disponirte Menschen, dass
der Schwerpunkt der Prophylaxe in der Isolirung der Kranken
und in der Desinfection ihrer Ausleerungen ruhe, und dass alle
bisherigen epidemiologischen Erfahrungen und Untersuchungen,
so weit sie andere Resultate ergeben, falsch oder nutzlos sein
müssten, dass mit Einem Worte die Epidemiologie und die
richtige darauf bezügliche prophylaktische Praxis erst mit der
Entdeckung der Bacillen beginne.

Ich habe sogar hören müssen, dass alle meine epidemiologischen Untersuchungen der naturwissenschaftlichen Methode
entbehren, da sie sich ja doch nur auf statistische Angaben,
aber auf keine wissenschaftlichen Experimente stützen, und die
Statistik selbst nicht den Rang einer Wissenschaft beanspruchen
könne.

Dass etwas experimentell bearbeitet sein müsse, um natur-
wissenschaftlich zu sein, ist eine sonderbare Behauptung. Nach
dieser Definition wären alle beschreibenden Naturwissenschaften
keine Naturwissenschaften, und auch die Astronomie nicht, welche
mit den Sternen am Himmel ebenso wenig experimentiren kann,
als die Epidemiologie mit den Menschen auf Erden, mit Typhus
und Cholera experimentiren darf. Trotzdem kann die Epidemiologie doch hoffen, dass sie durch fortgesetzte genaue und immer
mehr ins Einzelne gehende Beobachtungen über die Bewegung
und den zeitlichen und quantitativen Verlauf der epidemischen
Krankheiten unter verschiedenen Umständen zu sehr bestimmten
und sehr brauchbaren Resultaten gelangen wird, selbst ohne

Nachweis des specifischen Infectionserregers durch das Mikroskop, und kann getrost fortarbeiten, gleichwie man auch schon vor der Entdeckung des Fernrohres Astronomie trieb. Die Bacteriologie ist ein neues Instrument auch für Hygiene und Epidemiologie, und ich wünsche sehr, dass ihr Einfluss auf diese Zweige des medicinischen Wissens so gross sein möge, als der Einfluss der Fernrohre und Refraktoren und Theilmaschinen auf die Astronomie gewesen ist.

Für Typhus und Cholera ist es Thatsache, dass sie eine ausgesprochene Abhängigkeit von Ort und Zeit beurkunden. Die verschiedenen Orte sind ähnlich wie Gelatineplatten, über welche ein Infectionsstoff ausgegossen wird, mit verschiedenen Nähr-lösungen versetzt, und vermag die Statistik die einzelnen Krankheitsfälle darauf ebenso sicher zu zählen, wie der Bacteriologe die einzelnen Colonien auf seiner Platte. So gut es dem Statistiker begegnet, dass ihm einzelne Fälle entgehen, so gut begegnet das auch dem Bacteriologen beim Plattenverfahren, aber man kommt durchschnittlich doch zu bestimmten Resultaten.

Wenn man nun untersucht, unter welchen Umständen und zu welchen Zeiten die Epidemien an einem Orte mehr, an einem anderen weniger gedeihen, so muss man endlich finden, was dieses Gedeihen begünstigt oder behindert, und kann daraus Schlüsse ziehen, welche praktischen Werth haben.

Ob man dieses Resultat nun ein wissenschaftliches nennen will oder nicht, ist mir sehr gleichgültig, dass aber diese epidemiologische Methode bereits zu Resultaten geführt hat, welche sehr nützlich sind, haben wir oben an München, Danzig und an Berlin, sowie in Calcutta und im Fort William gesehen. Gute Hausdrainage und Kanalisation, Bodenreinigung und Reinhaltung des Bodens wirken gegen Typhus- und Choleraepidemien in den Orten ebenso sicher, wie Chinin gegen Wechselfieber in den Kranken, wenn man auch noch gar nicht weiss, wie und warum, was man ja auch vom Chinin nicht einmal weiss.

Bis die Bacteriologen einmal herausbringen, warum das Chinin das Wechselfieber heilt, geht es vielleicht noch lange her, und vielleicht noch viel länger, bis man herausbringt, warum nach

10*

Assanirung des Bodens die Cholera im Fort William bei Calcutta und in der Grube zu Haidhausen bei München so gar wenig Lust mehr zeigt, sich wie früher breit zu machen.

Und diese günstigen Resultate kann man erzielen, ohne einen Kranken zu isoliren, oder seine Ausleerungen zu desinficiren, ja sogar ohne an der Trinkwasserversorgung etwas zu ändern, und sind erzielt worden, ehe man einen specifischen Bacillus entdeckt hatte.

Was ich örtliche und örtlich zeitliche Disposition nenne, kann schliesslich auch nur bacteriologisch ganz erklärt werden. Die localistische Theorie ist keine Gegnerin der Bacteriologie, sondern eine sehr befreundete ältere Macht, welche den Bacteriologen grosse noch unbebaute Theile ihres Gebietes anbietet und sie zur Auswanderung aus dem überfüllten contagionistischen Lager einladet. Es wird allerdings eine schwere Arbeit sein, diese Gebiete auch bacteriologisch urbar zu machen, und wird es nicht genügen, bloss den bacteriologischen Samen mitzubringen, um gleich volle Ernten zu gewinnen.

Mir scheint die Zeit immer näher zu rücken, wo man bald ziemlich allgemein einsehen wird, dass es für die Epidemiologie und für die Prophylaxis gegen Cholera nicht damit gethan ist, dass die Commission den Kommabacillus entdeckt hat, und theoretisch annimmt, dieser brauche bloss von Kranken auf disponirte Gesunde überzugehen oder ins Trinkwasser zu gelangen, um Epidemien hervorzurufen, sondern dazu ist noch Anderes erforderlich, und zwar Dinge, welche ausserhalb der kranken und gesunden Menschen und ausserhalb ihres Trinkwassers liegen. Bei dem jüngsten internationalen Congress für Hygiene und Demographie in Wien, wo nach einer Berliner Meldung [1]) die localistische Anschauung so schwere »Keulenschläge« erlitten haben soll, fand ich die Stimmung für dieselbe ganz unerwartet günstig. Es lagen dem Congresse vier Arbeiten »ätiologische und prophylaktische Erfahrungen über die Choleraepidemien in Europa

---

1) Dr. Sachse, Deutsche medicinische Wochenschrift 1887 Nr. 51 S. 1112. »Auf dem letzten Congress für Hygiene und Demographie zu Wien fallen goldene Worte wie Keulenschläge auf die Localisten nieder.«

während der letzten 3 bis 4 Jahre« vor und zwar über die Cholera in Frankreich von Adrien Proust und Gilbert Ballet, in Spanien von Ph. Hauser, in Ungarn von Victor Babes, in Oesterreich von Max Gruber[1]). Spanien und Frankreich, sowie Oesterreich und Ungarn sind je Nachbarländer, die ersteren durch ein Gebirge, die Pyrenäen, die letzteren nur durch einen kleinen Fluss, die Leitha, getrennt, und doch soll sich die Cholera contagionistisch nur in Frankreich und Ungarn, localistisch hingegen in Spanien und Oesterreich verhalten haben. Es muss doch seine Gründe haben, weshalb das Contagium die Pyrenäen und die Leitha nicht überschritt. Es ist ganz wie in Teufels Antheil Halbpart, zwei Länder dir, zwei mir.

Auch von den Rednern sprach nicht ich allein von einem ectogenen Stadium des Cholerapilzes, auch Hueppe fand nothwendig, angesichts der epidemischen Verbreitung von einem saprophyten Stadium desselben zu sprechen, und Max Gruber, in seinen ersten vier Schlusssätzen »von der unantastbaren Thatsache, dass der Koch'sche Vibrio (Kommabacillus) der specifische Choleraerreger ist, ausgehend«, sagt doch in seinem

5. Satze: für die Choleraansteckung durch Trinkwasser liegt kein Beweis vor, und

6. „ die Choleraausbreitung zeigte innerhalb der inficirten Gebiete örtlich die grössten Verschiedenheiten.

7. „ Sie war in deutlichster Weise abhängig von Jahreszeit und Witterung.

8. „ Diese zeitlich-örtlichen Einflüsse widerlegen die Annahme, dass die epidemische Ausbreitung der Cholera in der Regel einfach durch unmittelbare Uebertragung des Keimes von Kranken auf den Gesunden stattfinde.

9. „ Die völlige Aufklärung der Choleraätiologie ist erst von künftigen Forschungen zu erwarten.

Mehr als Max Gruber in diesen fünf Sätzen der localistischen Lehre zugesteht, habe ich nie verlangt, und bin ich damit

---

1) VI. internat. Congress für Hygiene und Demographie zu Wien 1887. Heft Nr. XVIII.

in Wien ganz zufrieden gewesen. Man scheint auch im Publikum
es ebenso wie ich aufgefasst zu haben, denn in der »Neuen freien
Presse« sagte ein Berichterstatter, der wohl auch ein Mitglied
des Congresses gewesen sein oder es von einem gehört haben
wird, man sei zwar der Ansicht gewesen, seit Entdeckung des
Cholerabacillus sei es mit der localistischen Lehre aus, aber nun
sähe man plötzlich wieder, dass sie doch noch nicht todtgeschlagen
sei, dass sich sogar ein Umschlag zu ihren Gunsten bereite.

Dieser Art waren die von Berlin aus verkündeten Keulenschläge in Wien.

Welche Maassregeln ich vom localistischen Standpunkte aus
für wirksam und empfehlenswerth halte, darüber habe ich mich
erst im vorigen Jahre sehr eingehend ausgesprochen und verweise
ich darauf [1]). Hier möchte ich schliesslich nur nochmal betonen,
dass man die armen Cholerakranken nicht fliehen, sondern auf-
suchen, möglichst frühzeitig ärztlich behandeln und gut pflegen
soll, und dass man den Seeverkehr ebenso wie den Landverkehr
frei geben und an die Stelle des zeitweisen Quarantänewesens
endlich eine stetige, strenge Schiffshygiene treten lassen soll. Die
Aerzte würden da eine viel dauerndere und nützlichere Verwen-
dung als in den Quarantänen finden. Es ist Thatsache, dass
die Cholera auf Schiffen überhaupt keinen fruchtbaren Boden
findet, dass es, wie schon Macpherson [2]) gesagt hat, vielmehr
der einzige Weg ist, um die unter einer Schiffsmannschaft aus-
brechende Cholera zu stopfen, in See zu gehen, ohne die Mannschaft ans Land zu schicken, weil ein solches Schiff in der Regel
die mitgenommene Cholera so gewiss verliert, als es in See geht,
wie auch die Kriegsschiffe »Caledonia«, »Queen« und »Belerophon«
in Malta [3]) 1850 zur Genüge bewiesen haben.

Die seltenen Ausnahmen von dieser allgemeinen Regel sind
auch nicht contagionistisch oder durch die blosse Anwesenheit
des Cholerabacillus auf einem Schiffe zu erklären, wie das Ver-

---

1) Zum gegenwärtigen Stand der Cholerafrage S. 595 bis 739.
2)   „   „   „   „   „   S. 114.
3)   „   „   „   „   „   S. 110.

halten der Cholera auf den Schiffen während des Krimkrieges gezeigt hat [1]).

Der Conseil sanitaire maritime et quarantenaire ist gewiss eine sehr wohlgemeinte Schöpfung, die sich recht nützlich erweisen könnte, wenn sie auf Assanirung der grösseren Verkehrspunkte in Aegypten und im rothen Meere dringen würde, eine ständige Ueberwachung der Schiffshygiene einrichten und namentlich auch das schauerliche Schlachthaus Mina bei Mekka säubern und während des Kurban Beiram-Festes rein halten wollte.

Es ist jetzt eine durch zahlreiche epidemiologische Thatsachen festgestellte Wahrheit, dass es schon von Natur aus choleraimmune Orte gibt, dass aber auch in den für Cholera empfänglichen Orten eine gründliche Hausentwässerung, die Entfernung aller Versitzgruben aus der Nähe der menschlichen Wohnungen, das Verhindern des Eindringens der Abfälle des menschlichen Haushaltes in den Boden, auf welchem unsere Häuser stehen, eine für alle Zwecke der Reinlichkeit genügende Versorgung mit reinem Wasser sich überall als eine wirksame Prophylaxis gegen Choleraepidemien bewährt haben. Wie das nun mit dem Cholerapilz zusammenhängt, ist Aufgabe der Bacteriologie zu erklären. Dass die Bacteriologie in ihrem gegenwärtigen Zustande es noch nicht zu erklären vermag, verleiht kein Recht, die Thatsache zu läugnen, gering zu schätzen, oder zu ignoriren.

Es muss unser eifrigstes Bestreben sein, die für Choleraepidemien empfänglichen Orte unempfänglich dafür, immun zu machen, nachdem man weiss, dass dies durch die hygienische Technik geschehen kann.

Da werden zwar allerdings wieder viele Bacteriologen, welche selten über das Mikroskop, das Gelatinegläschen und ihre subcutan oder intravenös geimpften Versuchsthiere hinaussehen, sagen, dass sie nicht verstehen, wie durch solche Assanirungsarbeiten ein Ort gegen Cholera oder Abdominaltyphus immun werden soll. Auch ich weiss nur, dass er es wird, und nicht, wie er es wird, und geht es mir da genau so, wie den Bacterio-

---

1) Zum gegenwärtigen Stand der Cholerafrage S. 137.

logen mit dem Immunmachen von Meerschweinchen oder Königshasen, wo man auch nur weiss, dass die Thiere immun werden,
wenn man dies und jenes thut, aber auch nicht, warum sie
dadurch immun werden.

Man thut oft grosses Unrecht, von etwas keinen Gebrauch
zu machen, was offenbar wirkt, bloss weil man es noch nicht
versteht oder es sich nicht erklären kann. Wie ungerecht und
schädlich war die Opposition, welche Semmelweiss solange
von den meisten Geburtshelfern zu dulden hatte, als er angab,
dass das Waschen und Desinficiren der Hände seiner Hebammen
und Studenten das Puerperalfieber so auffallend vermindere! Wie
oft habe ich damals es mit eigenen Ohren von hervorragenden
Gynäkologen gehört, dass das nicht sein könne, weil man sich
gar nicht denken könne, wie das möglich sei. Erst jetzt erklärt
es die Bacteriologie, und wird nun keine Schwangere und keine
Wöchnerin mehr untersucht und behandelt, ohne sich zuvor die
Hände desinficirt zu haben.

Man wird mir vielleicht entgegnen, dass ich da gerade ein
Beispiel citirt hätte, welches sehr gegen die localistische Lehre
spreche, welche z. B. behaupte, dass die Desinfection der Exkremente von Cholerakranken keinen Werth habe. Darauf erwidere
ich, dass auch ich an diese Desinfection glauben und sie em-
pfehlen würde, wenn mir nicht eine langjährige und vielseitige
epidemiologische Erfahrung und Beobachtung gelehrt hätte, dass
von den Cholerastühlen die Infectionen bei Epidemien nicht ausgehen. Ich gelangte zu diesem Erfahrungssatze, obschon ich
mir anfänglich eine Theorie gebildet hatte, welche sogar ihren
Schwerpunkt in die Exkremente der Cholerakranken verlegte.
So, wie jetzt die Contagionisten und die meisten Bacteriologen
in dieser Hinsicht glauben, glaubte auch ich schon vor 30 Jahren.
Warum ich von diesem Glauben abgefallen bin, habe ich gelegentlich meiner Untersuchungen über die Infection Gesunder
durch Kranke und über die Exkremente der Cholerakranken als
Sitz des Infectionsstoffes mitgetheilt[1]). Die Cholera ist eine In-

---

[1]) Zum gegenwärtigen Stand der Cholerafrage S. 33 bis 88.

fectionskrankheit, wie das Puerperalfieber; aber es entsteht der
virulente Infectionsstoff anders und anderswo, und wird auf
andere Weise mitgetheilt, geradeso wie auch die Malaria eine In-
fectionskrankheit ist, und nach den Versuchen von Gerhardt,
Marchiafava und Celli von Kranken auf Gesunde übertragen
werden kann, wenn man diesen Blut von Malariakranken intravenös beibringt. Aber das ist ein Uebertragungsmodus, welcher
auf die Malariaepidemien nicht anwendbar ist. Der infici-
rende und infectionstüchtige Malariapilz geht thatsächlich ebenso
wenig wie der virulente Cholerapilz von den Kranken, sondern
von der Malarialocalität und von der Choleralocalität aus. Das
Wie? ist noch zu finden, und die Bacteriologie wird es finden,
aber nicht, wenn die Bacteriologen auf contagionistischem Boden
allein arbeiten.

Dass trotz aller widersprechenden epidemiologischen Thatsachen die contagionistische Anschauung beim Choleraprocesse
seit Entdeckung eines specifischen Bacillus wieder soviel Ober-
wasser erhalten hat, finde ich leicht erklärlich. Kürzlich schrieb
mir ein Freund, der gleicher Ansicht mit mir ist, dass es auf
die Massen einen ganz anderen Eindruck machen müsse, wenn
man, wie die Contagionisten jetzt thun, sagt und zeigt: »hier ist
es«, als wenn man, wie ich thue, auf Dinge hinweist, die nicht
so einfach und nicht so leicht zu zeigen sind, wie ein Bacillus
unter dem Mikroskope und ich nur sagen kann, »hier ist es zu
suchen«.

Das ändert aber nichts an den epidemiologischen Thatsachen,
auf welche ich mich stütze, die unverändert alle Meinungen des
Tages überleben und schliesslich auch zu ihrem Rechte kommen
werden.

Dass die localistische Anschauung sich auch ferner als die
beste Grundlage für die prophylaktische Praxis bei der Cholera
bewähren wird und dass alle Maassregeln auf contagionistischer
Basis auch ferner nichts nützen werden, davon bin ich, auch auf
Grund epidemiologischer Thatsachen, fest überzeugt. Ich will
zum Schluss nur eine einzige derselben erwähnen.

Es ist das die erste Choleraheimsuchung, welche das König-
reich Bayern im Jahre 1836 erlitten hat. Es ist aus der Geschichte
der Cholera bekannt, dass die ersten Epidemien, welche in den
Dreissiger Jahren in Europa geherrscht haben, durchschnittlich
zu den heftigsten gehörten, welche damals die empfänglichen
Orte im Laufe der Zeit später wieder heimgesucht haben.

Norddeutschland war bereits vom Jahre 1831 an heftig ergriffen, in Bayern trat die Krankheit erst 5 Jahre später auf.
In Norddeutschland, namentlich im Königreiche Preussen, verfuhr
man mit den strengsten contagionistischen Maassregeln (Dr. Rust).
Als diese Maassregeln thatsächlich keinen Erfolg zeigten, fingen
Viele an, an der contagionistischen Theorie wieder irre zu
werden und neigten sich auf die miasmatische Seite.

In Bayern brach die Cholera zuerst im südlichen Theile des
Landes, in dem Marktflecken Mittenwald an der Isar, am 17. August,
und dann am 22. August im östlichen Theile, in der Stadt Altötting am Inn, aus, in der Hauptstadt München erst im October 1836.

Man sagt, nach Mittenwald kam die Cholera von Südtyrol
(Rovereto) aus, nach Altötting von Oesterreich (Wien) aus. Nach
München kann sie von Mittenwald oder von Altötting aus gekommen sein. Wie sie 1836 in diese Orte in Bayern kam, weiss
man ebenso wenig, als wie sie 1883 in Aegypten nach Damiette,
Alexandria oder Kairo kam. Thatsache ist ja nur, dass die
Cholera in Mittenwald und Altötting ausbrach, nachdem sie schon
in Südtyrol und Oesterreich ausgebrochen war, und dass sie auch
in München ausbrach, nachdem sie in Oesterreich, in Südtyrol,
in Mittenwald und in Altötting ausgebrochen war. Dass die Orte
in der nämlichen zeitlichen Reihenfolge einer vom anderen angesteckt worden sei, ist bloss eine Meinung. Ich meine nun, der
menschliche und sachliche Verkehr müsste den Cholerakeim aus
Oesterreich und Südtyrol früher nach München, als nach Mittenwald und Altötting getragen haben, und sei es sehr unwahrscheinlich, dass es zwei Monate bedurft hätte, um ihn die kurze
Strecke von Mittenwald auf der Isar nach München zu bringen.
Ich meine, dass sich der Keim in München schon länger be-

funden und der örtlich-zeitlichen Disposition entsprechend nur
später entwickelt habe.

Und wie empfing man nun in Bayern die Cholera, welche
Theorie hatte man sich gemacht und welche Maassregeln darauf
gegründet?

Da in Norddeutschland, in Oesterreich, in Ungarn u. s. w.
die contagionistische Behandlung keine Erfolge zu verzeichnen
hatte, glaubte man es in München und in ganz Bayern ganz
anders machen zu müssen. Der damalige bayerische Premier-
minister, Fürst Oettingen-Wallerstein, war ein sehr ener-
gischer und kühner Mann und hatte überdiess einen Homöo-
pathen, Hofrath Dr. Reubel, den er später sogar zum Professor
der Physiologie an der Universität machte, als Leibarzt, was ihn
nach meiner Ansicht der Skepsis bezüglich allopathischer Re-
cepte leichter zugänglich machte. Es wurde die Theorie aufgestellt, dass die Cholera weder ein- noch ausgeschleppt werde,
sondern dass sie sich überall spontan aus einem genius epidemicus entwickle; dass sie auch auf der Höhe ihrer Entwickelung
nicht ansteckend sei, dass demnach jede Beschränkung des Verkehrs mit Kranken und mit inficirten Orten zu unterbleiben habe,
dass man eben abwarten müsse, bis der genius wieder verschwindet, dass man aber die Kranken aufzusuchen und gut zu
verpflegen, die Unbemittelten mit Kleidern, Wäsche, Brennmate-
rial und guter warmer Kost zu unterstützen, dass man überall
auf möglichste Reinlichkeit zu sehen habe u. s. w. Keine einzige Maassregel wurde aufgestellt, welche anticontagionistisch
hätte wirken können.

Nach Ansicht der Commission und der Contagionisten hätte
das damals in Bayern schreckliche Folgen haben müssen. Aber
was war der Erfolg der vollständigen Unterlassung aller contagionistischen Schutzmaassregeln [1])? Man erkennt das vielleicht
am deutlichsten, wenn ich hier wörtlich wiedergebe, was der damalige Polizeiarzt der Haupt- und Residenzstadt München, Dr.

---

1) Zum gegenwärtigen Stand der Cholerafrage S. 711.

Franz Xaver Kopp, der kein Homöopath, sondern ein streng gläubiger Galenischer Arzt war, nach Ablauf der Epidemie in München und in Bayern in seinem Hauptberichte [1]) darüber sagt:

»Nicht nur die zweckmässig unterstützten Armen und Dürftigen allein, sondern die ganze Bevölkerung eines jeden von der Brechruhr ergriffenen Ortes zollte den aus den väterlichen Absichten und der Liebe des Königs für sein Volk hervorgegangenen beruhigenden und wohlthuenden Maassregeln den heissesten und innigsten Dank.

Nur durch solche allgemeine und energische Maassregeln konnten Furcht und Muthlosigkeit beschwichtiget, viele Einzelleben erhalten und zugleich der Weiterverbreitung und den nothwendig damit verbundenen Verheerungen einer der fürchterlichsten Seuchen entschieden am zweckmässigsten vorgebeugt werden.

Zur grossen Beruhigung und Ermuthigung des Publikums und zum aufmunternden Beispiel für die Sanitäts-Polizeibeamten aller Klassen übernahm Se. Durchlaucht der kgl. Staatsminister Fürst v. Wallerstein die oberste Leitung der zur Bekämpfung der asiatischen Brechruhr angeordneten Anstalten und Maassregeln, deren Nützlichkeit sich dahier und allenthalben auf eine so glänzende Weise bewährte. Kein Tag verging, wo nicht dieser hochherzige Fürst sich von dem Zustande der Kranken in den sämmtlichen Krankenanstalten sowohl, als auch in den Privatwohnungen, besonders in den Hütten der Armen persönlich überzeugte, und die Mittel bezeichnete, wo und wie den aufgefundenen Mängeln und Gebrechen abgeholfen werden müsse.

Mit unermüdetem Fleisse und Hingebung durch Tag und Nacht bewährten Aerzte und Geistliche den schönen Sinn ihres Berufes und trugen durch dieses Benehmen nicht wenig dazu bei, den s c h ä d l i c h e n G l a u b e n a n e i n e C o n t a g i o s i t ä t d e r K r a n k h e i t z u v e r s c h e u c h e n.

Es bedurfte keiner Gesetze und ausserordentlicher Maassregeln, jeden zu seiner Pflicht anzutreiben. Der Allerhöchste Wille und das erhabene Beispiel ihres Königs und dessen ersten Ministers war für sie ausser dem eigenen Berufsgefühle der mächtigste Antrieb, ohne Scheu und Rückhalt den Kranken in allen Stadien und zu jeder Zeit ihre Dienste zu widmen.

Bald fand sich eine hinlängliche Zahl von Wärtern und Wärterinnen, die zum Zwecke des Privatkrankendienstes in besonderen Localitäten oder in ihren eigenen Wohnungen consignirt waren, um nach Bedürfnis jeden Augenblick zum Dienste aufgerufen werden zu können. Mehrere, die sich zu diesem Dienste noch meldeten, fanden keine Beschäftigung und mussten zurückgewiesen werden.

Häufig wurde wahrgenommen, wie Dienstboten und Gesellen in den Wohnungen der Dienstherrschaft, und hie und da von dieser selbst gewartet

---

1) Generalbericht über die Choleraepidemie in München einschlüssig der Vorstadt Au im Jahre 1836/37. München 1837. S. 68.

und gepflegt wurden. Selbst fremde Personen leisteten sich gegenseitig durch thätige Krankenwart auf die uneigennützigste Weise Hilfe und Beistand; gewiss eine nachahmungswürdige Handlung und ein Beweis, wie allgemein die Ueberzeugung von der Nichtcontagiosität der Krankheit unter dem Volke Wurzel gefasst hatte, ohne welche an Uebungen der Nächstenliebe und christlichen Barmherzigkeit dieser Art nicht hätte gedacht werden können.«

Dass diese Worte Kopp's nicht etwa grundlose Schönrednerei, dem Minister und dem Könige zu Gefallen, sondern vollberechtigt waren, geht aus den Zahlen der Todesfälle hervor, welche Bayern und München 1836 und bei späteren Choleraepidemien hatte.

Ganz Bayern hatte in den vier Cholerazeiten, welche es in diesem Jahrhunderte heimsuchten [1]),

1836/37	1277	Choleratodesfälle
1854/55	7410	,,
1866/67	773	,,
1873/74	2599	,,

Die Stadt München hatte bisher drei epidemische Zeiten [2]) und

1836/37	918 Choleratodesfälle	=	9,50 Promille der Bevölkerung		
1854/55	2761 ,,	=	25,79 ,,	,,	,,
1873/74	1465 ,,	=	8,14 ,,	,,	,,

Man sieht, dass man 1836 in ganz Bayern und in der Stadt München viel besser daran war, als 1854, wo man schon wieder viel contagionistischer gesinnt war, und auch als im Jahre 1873, wo in der Stadt München sogar Zwangsdesinfection angeordnet wurde.

---

1) Zum gegenwärtigen Stand der Cholerafrage S. 272.

2) ,, ,, ,, ,, ,, S. 414. Auf S. 415 findet sich ein Rechnungsfehler, den ich bei dieser Gelegenheit berichtigen muss. Es sind pro 1836/37 für München und Vorstadt Au nur 518 Todesfälle anstatt 918 angegeben, und daraus die Verhältniszahl pro 10000 zu 58,2 anstatt zu 95,0 berechnet. Doch ändert sich dadurch an den bezüglich der Präponderanz Münchens über ganz Oberbayern gezogenen Schlussfolgerungen nichts Wesentliches. Die Zahl der Einwohner der Stadt München und der Vorstadt Au 1836 wird in dem Berichte von Dr. Kopp zusammen auf 94 724 angegeben.

Ich bin nun allerdings sehr weit davon entfernt, zu glauben, dass der milde Charakter der Cholera 1836/37 in Bayern und in München von den hier ergriffenen Maassregeln herrührte, sondern bin im Gegentheil fest davon überzeugt, dass trotz der ergriffenen Maassregeln diese Epidemie ebenso heftig, wie die von 1854 geworden wäre, wenn die örtlich-zeitliche Disposition in gleichem Grade vorhanden gewesen wäre. — Der Fall beweist aber unter allen Umständen doch zur Evidenz, dass es nichts schaden kann, wenn man auch nicht im geringsten an die Contagiosität der Cholera glaubt, und das gerade Gegentheil von dem thut, was die contagionistische Theorie als unerlässlich hinstellt.

Man sieht auch, wie leicht das Publikum vom Glauben an die Contagiosität der Krankheit abzubringen ist, wenn Aerzte und Behörden zusammenstimmen, und dass Kranke und Gesunde, Aerzte und Behörden viel besser daran sind, wenn man die Cholera nicht für ansteckend hält.

Manche glauben, wenn man zu isoliren, zu desinficiren oder Wasser zu kochen aufhört, ehe man's trinken lässt, keine eigenen Cholerabaracken errichtet, nicht alle ankommenden Fremden visitirt und ihre Ausleerungen auf Kommabacillen untersucht, keine Quarantänen mehr hält, dann gäbe es überhaupt nichts mehr zu thun; — aber gerade München hat 1836 gezeigt, dass man sich doch sehr verdienstlich und viel beschäftigen kann, wenn man auch all' das unterlässt, und dass man sich darnach gratuliren und beloben kann, wenn der genius epidemicus auf seinen schwarzen Fittichen wieder vom Orte fortgeflogen ist. Die eigentliche Choleraprophylaxis muss ja ins Werk gesetzt werden, lange bevor der Todesengel heranschwebt.

Das Vorgehen der bayerischen Regierung im Jahre 1836 war ein kühnes, epidemiologisches Experiment im grossartigsten Style, an vier Millionen Menschen angestellt. Ich habe schon einmal gesagt, dass man so etwas zwar nicht Experiment nennt, weil es gesetzlich verboten ist, mit Menschen Experimente zu machen, wobei Lebensgefahr oder auch nur Beschädigung der Gesundheit zu befürchten ist; da man aber bei Epidemien doch nicht umhin kann, Versuche zu machen, so heisst man sie nicht Experimente, sondern Maassregeln, mit welchen aber die Menschen geradeso gemaassregelt werden, wie die Thiere, welche der Pathologe oder Physiologe bestimmten Bedingungen unterwirft, um zu sehen, welche Wirkungen eintreten.

Es ist fürs allgemeine Beste sehr zu wünschen, dass in der Cholerafrage künftig Aerzte und Behörden sich bei der Wahl ihrer Maassregeln mehr durch epidemiologische Thatsachen als durch Theorien bestimmen lassen.

Sachregister.

————

Druckfehler.

www.ingramcontent.com/pod-product-compliance
Lightning Source LLC
Chambersburg PA
CBHW070156240326
41458CB00127B/5662